PRATIQUE

DES

SEMAILLES A LA VOLEE.

IMPRIMERIE DE Mme VEUVE BOUCHARD-HUZARD,
RUE DE L'ÉPERON, 7.

PRATIQUE

DES SEMAILLES

A LA VOLÉE;

PAR M. PICHAT,

PROFESSEUR A L'INSTITUT AGRICOLE DE GRIGNON.

Les bonnes théories font les bonnes pratiques.

Blé bien semé est à demi récolté.

(*Dicton agricole.*)

PARIS,

Mme Ve BOUCHARD-HUZARD,	A LA LIBRAIRIE
libraire,	**agricole,**
RUE DE L'ÉPERON, 7;	RUE JACOB, 26;

EN FRANCE ET A L'ÉTRANGER,
Chez les libraires et correspondants du comptoir central de la librairie.

1845

TABLE DES MATIÈRES.

VI

CHAPITRE TROISIÈME.

CHAPITRE QUATRIÈME.

AVERTISSEMENT DE L'AUTEUR.

La faveur toute bienveillante avec laquelle la
presse et le public agricoles ont accueilli la première édition de cet opuscule est pour moi un
puissant encouragement pour en publier une seconde.

J'ai tenu compte dans celle-ci, autant qu'il était
en moi, de toutes les observations que des hommes
dont l'agriculture s'honore à juste titre ont bien
voulu m'adresser sur mon premier essai : c'est
ainsi que, tout en faisant disparaître quelques in-
corrections qui se trouvaient dans la première
édition, mes nouvelles études ont porté particulièrement sur la méthode remarquable suivie par
les habiles cultivateurs des environs de Paris, pour
l'ensemencement à la volée des pièces de terre de
forme triangulaire.

J'ai cru devoir, en outre, placer en tête de cette
édition le rapport fait sur ma brochure à la Société royale et centrale par M. Leclerc-Thoüin,

dont la mort prématurée a été une véritable perte pour l'agriculture. La première partie de ce rapport, sous le titre d'*État de la question*, contient un aperçu général et une discussion approfondie des conditions dans lesquelles se pratiquent, en France, les différentes méthodes de semis; elle complète mon travail sous ce point de vue; elle en est comme l'introduction nécessaire. Quant à la seconde partie du rapport, on me pardonnera, j'ose l'espérer, de l'avoir également reproduite; le témoignage d'approbation d'un homme tel que M. Leclerc-Thoüin est si glorieux pour moi, que je n'ai pu résister au plaisir, je dirai même au bonheur de le placer en tête de cette nouvelle édition.

En terminant, je prie M. F. Bella, mon prédécesseur dans la chaire que j'occupe à l'école de Grignon, de recevoir la sincère expression de mes remerciments pour les notes qu'il a bien voulu me communiquer avec tant d'obligeance, lorsque j'ai été appelé à le remplacer. Dans ces notes, j'ai puisé d'utiles renseignements pour quelques parties, et notamment pour le deuxième chapitre de ce petit ouvrage.

RAPPORT [1]

FAIT

A LA SOCIÉTE ROYALE ET CENTRALE D'AGRICULTURE,

DANS SA SÉANCE DU 7 JUIN 1843,

PAR M. O. LECLERC-THOUIN,

SECRÉTAIRE PERPÉTUEL,

SUR LA

PRATIQUE DES SEMAILLES A LA VOLEE,

PAR M. PICHAT.

---

§ Ier.

Etat de la question.

L'imperfection du mode actuel de semis des blés a souvent appelé l'attention des agriculteurs; un seul moyen, complétement impraticable dans la pratique usuelle, le semis au plantoir, permettrait de réunir les

---

[1] Ce rapport, d'après la décision de la Société royale et centrale d'agriculture, a été inséré dans le *Bulletin* de ses séances, tome 3, n° 8.

conditions nécessaires pour obtenir de chaque grain confié au sol le maximum de produit qu'on puisse en retirer, eu égard à la puissance, à la richesse de la couche labourable et aux conditions météorologiques des saisons; lui seul, en effet, laisse le semeur libre de régler complétement, à son gré, *la profondeur* et *l'espacement,* qui sont les deux conditions premières d'une germination normale et d'un développement complet.

Non-seulement les graines trop enterrées ne germent pas, mais celles qui peuvent encore lever le font avec une extrême lenteur; leur existence est, par cela même, souvent compromise; elles donnent des tigelles languissantes, des touffes peu disposées à taller, et, ce qui prouve mieux que tout le reste que les conditions dans lesquelles on les a placées sont mauvaises, c'est qu'après avoir péniblement gagné la surface du sol, elles forment adventivement, pour peu que les circonstances le permettent, à une très-faible profondeur, un second système radiculaire.

D'un autre côté, il est évident que l'espacement des pieds, savamment combiné avec la disposition naturelle à taller de chaque espèce ou de chaque race, et la nature de chaque terrain, peut augmenter d'une manière à peine croyable les produits des semences, tout en améliorant sa qualité.

Or aucune des pratiques actuelles de semailles n'est apte à atteindre complétement ce double but : les graines qui s'échappent trop souvent d'une main habituée à suivre partout et toujours la même routine ne peuvent être réparties avec une précision mathématique; en fût-il autrement, elles seraient déplacées par les instruments de couvrailles.

Les semoirs, à ne considérer leur action que sous le point de vue de la régularité, laissent encore beaucoup à désirer : en les employant, on peut, il est vrai, obtenir, entre les lignes ensemencées, des distances définies et régulières, de sorte que les touffes puissent prendre sur les côtés le développement qu'il ne leur est pas donné de prendre dans l'autre sens; l'appareil peut être réglé de manière qu'il tombe approximativement un nombre déterminé de graines sur une surface donnée, et, lorsque le terrain est bien nivelé et parfaitement préparé, rien ne s'oppose encore à ce que ces grains soient disposés à des profondeurs voulues et partout les mêmes. Mais toute cause susceptible de détruire d'une façon quelconque le parallélisme nécessaire entre l'instrument et la couche labourable rompt aussitôt cette uniformité. En pareil cas, les semoirs perdent un de leurs principaux mérites.

Les couvrailles sous raies exécutées à bras d'homme,

comme on les pratique sur quelques points, approchent
de la perfection : si le semeur les a bien réparties, les
graines, placées sur un fond convenablement plombé
par le dos de la houe, sont recouvertes uniformément
sans éprouver aucun dérangement ; mais un tel mode,
qui exige une longue habitude et une adresse particulière de la part de l'ouvrier, nécessite encore une préparation si minutieuse du sol et entraîne de telles len-
teurs, qu'il ne se prête évidemment qu'à des cultures
jardinières.

Les couvrailles à la charrue, lorsqu'on sème successivement dans chaque raie, présentent, à un moindre
degré, des avantages et des inconvénients analogues.
Cependant le fond de la raie n'est jamais assez net et le
renversement assez uniforme, assez dépendant de la
volonté du laboureur, pour qu'on puisse pousser bien
loin la comparaison. Je devrais ajouter, à propos de la
répartition à la main des graines sur d'étroits espaces,
qu'elle est rarement aussi bien faite que celle qui a lieu
à la volée.

Lorsqu'on sème de *quatre raies*, le grain, répandu
par couches diversement étagées de la base au sommet
du billon, se trouve dispersé pêle-mêle dans sa masse
entière.

Avec les araires primitives, qui sillonnent de leurs

socs presque linéaires et de leurs seps sans versoir les campagnes d'une partie de la France, le sol est simplement refoulé, par fragments, à une profondeur variable à chaque inadvertance du laboureur, à chaque mouvement de tête des animaux, puisqu'elle dépend exclusivement du point d'attache de la flèche sur le joug ou le collier. Là, les semences qui avaient été préalablement répandues à la surface du sol, entraînées par leur seul poids, tombent entre chaque motte et s'arrêtent au hasard.

Avec les araires à socs de même forme et à versoirs infiniment petits, comme ceux, notamment, du Limousin, le blé se trouve rejeté sans ordre dans toute l'épaisseur de la bande; il s'accumule particulièrement au fond de l'étroite raie formée par le trait précédent au milieu des herbes mal déracinées, mal recouvertes, et d'une couche de terre labourable incomplétement remuée.

Les charrues désignées, dans l'Ouest, sous le nom de charrues à couvrir sont armées de deux ailes planes disposées à la façon de versoirs, de manière à former, à chaque trait, sur un terrain aplani par le hersage et recouvert de la semence, deux moitiés de billons peu bombés qui se trouvent successivement complétés au retour de l'instrument. Quand elles sont bien construites , bien réglées et bien conduites , elles font un travail beaucoup meilleur qu'on ne pourrait croire , mais dont la régularité dépend d'un assez grand nombre de conditions difficiles à réunir. Tantôt les ailes , par l'effet de leur position trop horizontale ou de la trop grande entrure du soc, refoulent la terre et les semences en vidant entre les deux billons une aire trop large ; tantôt, dans le cas contraire, elles glissent à la surface du sol sans l'atteindre partout , et ne rejettent vers le sommet du billon que les mottes quelque peu volumineuses. Dans tous les cas, la rapidité variable du mouvement de progression et les modifications qu'elle apporte nécessairement aux effets de la force centrifuge, lors même que les grains auraient été primitivement répartis à la superficie du champ , avec une régularité parfaite, compliquent encore, d'un moment à l'autre, les résultats de l'opération.

Quant à la herse , comme elle agit à la fois par la pression, le frottement et le déplacement , ses effets sont subordonnés à l'état de résistance et au volume des mottes aussi bien qu'au nivellement du sol : assez réguliers lorsque celui-ci est finement ameubli et que celles-là sont facilement divisibles, ils le deviennent beaucoup moins dans les circonstances contraires.

L'extirpateur atteindrait mieux la régularité de profondeur et mériterait certainement de devenir d'un emploi fréquent s'il était plus généralement applicable aux terres de la grande culture.

Quoi qu'il en soit, il est évident que les procédés jusqu'ici suivis laissent beaucoup au hasard; qu'un grand nombre de graines se trouvent à des profondeurs qui arrêtent leur germination ou modifient défavorablement leur développement, et que la plupart des touffes sont en de mauvaises conditions d'espacement. Cette double circonstance motive avant tout l'emploi d'une quantité telle de semence que, si toutes levaient, dans les contrées où l'on sème 2 hectolitres et demi à l'hectare, chaque pied de froment, qui couvre parfois au delà de $0^m,15$ à $0^m,20$ carrés dans la petite culture, ne pourrait occuper tout au plus que $0^m,050^m$, en admettant l'hectolitre formé seulement de 1,600,000 graines, ce qui n'a lieu que pour les races à semences les plus volumineuses de l'espèce *triticum*. Ce fait est, certes, de nature à frapper les esprits, et pourtant nul ne peut encore prévoir si l'on parviendra un jour à lever les difficultés qui empêchent aujourd'hui de substituer, aux divers systèmes suivis, ceux qui augmenteraient la perfection du travail aux dépens de sa brièveté, de son prix de revient, de sa simplicité, en un mot des systèmes qui ne seraient pas complétement basés sur les moyens dont peut ou pourra disposer l'économie rurale.

Aussi importe-t-il, avant tout, de perfectionner les méthodes sans changer les conditions qui les ont rendues peu à peu usuelles. Ce que bon nombre de cultivateurs, parmi lesquels il serait injuste de ne pas citer M. Hugues, ont fait pour le semoir et tenté pour les semailles des céréales en lignes, sur lesquelles M. Deslongchamps a appelé, tout récemment encore, l'attention de la Société, M. le professeur Pichat vient de le faire pour les semis à la volée.

§ II.

Examen du travail.

Dans la pratique des semailles à la volée, on doit se proposer deux buts distincts : le premier, de répartir également et uniformément la semence sur toutes les portions du champ ; le second, d'arriver à semer, sur une étendue donnée, une quantité déterminée de graines.

Tels sont les deux éléments que M. Pichat a étudiés avec plus de soin qu'ils ne l'avaient été avant lui, coordonnés d'une manière plus rigoureuse, et dont il a déduit des principes plus précis.

Dans un premier chapitre, après avoir recherché brièvement la nature et la forme d'un bon semoir, c'est-à-dire d'un ustensile commode pour contenir la semence, il indique tout d'abord les conditions premières d'adresse et de savoir que doit posséder l'ouvrier. Pour l'auteur, ni la tension du corps telle qu'elle dérive naturellement de la marche, ni l'accord intime qui doit régner entre le pas et le jet, ni la position de la main, dans l'action de puiser la semence, la forme que prend la poignée entre les doigts, le rôle de ceux-ci pendant les diverses périodes du mouvement du bras, depuis le moment où la graine reçoit une première impulsion jusqu'à celui où elle tend à s'échapper, tangentiellement à la courbe décrite, avec une force suffisante de projection, ni enfin les lignes tracées par le bras et l'avant-bras ne sont des questions indifférentes; elles se rattachent toutes, en effet, à la puissance musculaire du semeur, aussi bien qu'à la facilité de l'opération et à la longueur du jet autant qu'à sa régularité; aussi M. Pichat entre-t-il, à ce sujet, en des détails que leur nature et leur brièveté n'empêchent pas d'être parfaitement clairs et saisissables.

Dans le second chapitre, il traite de la marche du

semeur. Par le mot *rayage* on entend la ligne qu'il parcourt, par celui de *train* l'espace de champ compris entre deux rayages, et par *jet* l'étendue de la courbe décrite par la semence.

Avant de choisir la direction du rayage, tout praticien expert doit consulter celle de l'air, non-seulement parce qu'il lui viendra en aide s'il a su établir les trains perpendiculairement au rumb régnant et s'il opère le jet sous le vent, mais parce que, si le hersage de préparation du semis a suivi cette même direction, le hersage de couvrailles le croisera naturellement, au grand avantage du travail. Il doit ensuite étudier, avec un soin particulier, le jet en lui-même.

La méthode qui se présenterait le plus naturellement à l'esprit serait évidemment de répandre le blé de l'une et l'autre main, par rectangles contigus, mesurant, chacun dans leur largeur, la longueur d'un jet, et sur lesquels la semence serait alternativement jetée en courbes parallèles, tantôt de droite à gauche, tantôt de gauche à droite; mais le but ne serait ainsi nullement atteint, parce que le blé tombe toujours plus épais au milieu que vers les extrémités des courbes, et parce que celles-ci, qui ne peuvent être décrites que tous les deux pas, laisseraient des vides entre elles dans le sens de leur projection. Pour remédier à un tel inconvénient,

M. Pichat recommande, avec tous les praticiens éclairés, le jet croisé; il le décrit rigoureusement dans son ensemble et ses particularités depuis l'*engrainage* jusqu'au *dégrainage*; il en fait ressortir les avantages, en indique les difficultés et enseigne les moyens techniques de les éviter, soit en maintenant les courbes dans leur parallélisme, en les faisant égales et en les espaçant de même, soit en régularisant parfaitement le rayage, en s'aidant, au besoin, de jalons et en apprenant à modifier pratiquement l'opération selon les lieux ou les conditions atmosphériques sans, pour cela, s'écarter des principes.

Le troisième chapitre traite des rapports qui doivent exister entre la quantité de semences à répandre sur une surface donnée, les pas, les poignées et les jets. Ici, surtout, l'habitude manuelle de l'homme est insuffisante; le raisonnement peut seul la modifier lorsqu'il est nécessaire, et la théorie est plus que jamais indispensable pour guider la pratique. Pour résoudre le problème, trois éléments sont à combiner : la largeur des trains, qui devra être d'autant plus grande que les poignées du semeur seront plus fortes et ses pas plus petits; — les poignées, qui devront être d'autant plus fortes que la largeur des trains sera plus grande et le pas plus allongé; — la grandeur des pas, qui devra être d'autant plus considérable que la largeur des trains le sera moins, et que le contenu de la poignée le sera plus.

Tels sont les éléments que M. Pichat a cherché à combiner entre eux. On conçoit, en étudiant de pareilles propositions, et leurs réciproques, qu'un seul terme venant à varier, les autres doivent varier également ; mais ils ne sont susceptibles de le faire que jusqu'à un certain point. Le semeur, par exemple, ne peut évidemment *poigner* qu'une quantité donnée de grain ; ses pas sont déterminés par sa taille ou les conditions du terrain ; les jets ne peuvent s'étendre indéfiniment, et les trains se trouvent dès lors circonscrits. En opérant on devra donc, non-seulement se baser sur diverses considérations pour apprécier lequel des trois termes sera l'inconnu dans le problème, mais encore, en les combinant tous, se renfermer dans les limites du possible.

Le pas, en variant, apporterait, dans les habitudes de l'ouvrier, des dérangements incompatibles avec un bon semis ; il doit être, en toutes circonstances, une quantité connue. Il n'en est pas de même de la poignée et du train ; toutefois, avant de chercher à les déterminer, il importe de bien connaître la nature des graines que l'on veut répandre.

Les unes, par suite de leur poids et de leur grosseur, peuvent être projetées à une assez grande distance et répandues à raison d'un volume assez considérable par hectare. Pour celles-là, l'élément inconnu sera le train ; attendu que, sans fatigue excessive, il est toujours loisible d'étendre le jet suffisamment, dans le cas même où il correspondrait au pas le plus petit et à la poignée la plus forte.

D'autres graines, par suite de leur finesse, ne peuvent être projetées à d'aussi grandes distances et doivent être semées à petit volume. Dans ce cas, l'inconnu devient la poignée, ou plutôt la pincée, parce que, si elle n'était pas convenablement limitée, il serait impossible de répartir son contenu par un pas assez long et sur un train assez large pour éviter une semaille démesurément épaisse.

Le but que s'est proposé l'auteur en établissant ces deux catégories de semences a été, comme on voit, de rendre la combinaison entre le pas, la poignée et le train mathématiquement juste ; il l'a rendue encore physiquement très-commode, en ne changeant rien à la marche adoptée par chaque semeur, selon sa conformation ou ses habitudes.

Je ne suivrai pas M. Pichat dans les applications pratiques de ces données ; il faudrait, pour cela, reproduire presque en entier la dernière partie de son excellente brochure. On conçoit, du reste, que, pour déterminer la largeur des trains, la quantité de semence à répandre par hectare étant connue, la contenance des poignées l'étant de même, ainsi que l'étendue des pas, il devient facile de trouver la quantité de grain projetée par chaque rayage, le nombre de ceux-ci et, dès lors, la longueur nécessaire du jet.

De même, s'il s'agit de déterminer la pincée, connaissant la quantité totale de graine, le pas du semeur, la longueur du jet et, conséquemment, la largeur et le nombre des trains, le contenu de la pincée est bientôt exactement défini.

Pour ajouter l'économie de temps à la rectitude de l'opération, reste un dernier problème à résoudre : « Étant donnés un champ et une quantité de sacs de semence à y répandre, disposer ceux-ci de manière qu'ils se rencontrent le plus près possible du semeur, quand ce dernier a achevé de semer la charge du semoir. » Le calcul est encore venu donner une solution en démontrant 1° que sur chaque ligne doit se trouver un nombre égal de sacs, 2° que le nombre de ceux-ci doit nécessairement être un multiple du nombre des lignes, et 3° que, toutes les fois que la longueur du champ n'est pas également un multiple de ce nombre, on est obligé de modifier la distance que le semeur doit parcourir pour vider son semoir, de manière à obtenir un sous-multiple ou une partie aliquote de la longueur du champ.

Le travail de M. Pichat ne se distingue pas seulement comme l'œuvre d'un praticien habile qui a soumis au creuset de l'analyse scientifique chacune des branches de l'art qu'il professe, et dont il a sinon reculé les limites, au moins nettement arrêté les bases, régularisé les moyens et, par cela seul, amélioré les résultats, il est présenté d'une manière neuve, quoique sans prétention, simple et cependant profonde, courte et pourtant complète ; c'est, en un mot, une œuvre utile à laquelle la Société s'estimera, je crois, heureuse d'applaudir en félicitant son auteur et en lui adressant des remercîments particuliers.

PRATIQUE

DES

SEMAILLES A LA VOLÉE.

Les bonnes théories font les bonnes pratiques.

———

Blé bien semé est à demi récolté.

(Dicton agricole.)

PRÉLIMINAIRES.

Les semailles à la volée se rangent, sans contredit, parmi les opérations les plus importantes de l'agriculture. Un bon semeur est un homme rare; c'est un agent qui ne peut être confondu avec les nombreux employés d'une exploitation rurale. La semaille est très-souvent l'œuvre du maître, elle est presque toujours l'œuvre du plus habile et du plus consciencieux, de celui qui a la confiance du maître; en un mot, c'est une œuvre relevée de la culture.

2

Malgré certains avantages incontestables des ensemencements aux semoirs-machines, les semailles à la volée et à la main, pour la plupart des graines, ont généralement la préférence et l'auront encore bien longtemps. Il est certain même que, si cette opération était plus étudiée, plus raisonnée, elle perdrait bien de ses désavantages vis-à-vis des ensemencements aux semoirs-machines; il est certain qu'alors ce qu'on peut lui reprocher ne tiendrait plus tant à sa nature même qu'au peu d'analyse, au peu de calcul que l'on apporte dans son exécution.

Mais ici il ne s'agit point de rechercher la convenance relative entre ces deux modes d'ensemencement : un de ces modes est suivi sur une grande surface de la terre par la presque totalité des cultivateurs; cette considération est un motif puissant pour en analyser les principes et les règles, pour les formuler et les propager.

Dans la pratique des semailles à la volée, on doit se proposer deux buts bien distincts : le premier, de répartir également et uniformément la semence sur toutes les parties du champ; le second, d'arriver à semer, sur une étendue donnée, une quantité donnée de graines.

Pour satisfaire au premier but, c'est-à-dire pour arriver à opérer une répartition égale et uniforme de semence sur toutes les parties du champ, deux choses sont nécessaires : la première, c'est que le semeur ait acquis une certaine adresse de corps, une certaine habileté mécanique pour composer un jet de semence uniforme et aussi disséminé que possible; la seconde, c'est que le semeur sache combiner un arrangement de ces jets de semence tel, que le champ soit également semé partout, qu'il n'y ait pas plus de semence dans une place que dans une autre.

Pour satisfaire au second but des semailles, c'est-à-dire pour arriver à semer, sur une étendue donnée, une quantité donnée de graines, il faut établir un certain rapport entre les quatre éléments des semailles à la volée, savoir, la quantité de semence à répandre par hectare, le pas, la poignée et la longueur du jet du semeur.

De là nous diviserons notre étude comme il suit :

1ᵉʳ CHAPITRE. — Habileté mécanique du semeur.

2ᵉ CHAPITRE. — Marche du semeur. — Disposition des trains, leur orientation.

3ᵉ CHAPITRE. — Rapports entre la quantité de semence à répandre par hectare, les pas, les poignées et les jets de semence.

Dans un quatrième chapitre, nous étudierons la disposition des sacs de semence sur le champ, pour que le semeur perde le moins de temps possible, lorsqu'il a à recharger son semoir.

Nous terminerons cette étude de la pratique des semailles à la volée par l'école pratique du semeur, qui
sera en quelque sorte un programme d'exercices pour
les commençants.

CHAPITRE PREMIER.

§ Ier.

Forme de semoir à adopter.

Avant d'indiquer et d'analyser les mouvements que le semeur doit observer pour composer un jet toujours uniforme, toujours égal, et aussi éparpillé que possible, que l'on nous permette un mot sur la forme du semoir à adopter.

On entend par semoir l'ustensile qui sert au semeur pour contenir et porter sa semence. Les semoirs varient selon les pays; dans certaines localités, on se sert d'un tablier relevé en poche et attaché à la ceinture. Quelquefois c'est un panier maintenu sur le devant à mi-corps au moyen d'une courroie passant autour du cou. Ces semoirs ont l'inconvénient de gêner le semeur dans sa marche, c'est pourquoi l'on ne peut y mettre beaucoup de semence, ce qui fait que le semeur est obligé de perdre du temps pour renouveler sa charge plus souvent.

Cette première forme est néanmoins nécessaire lorsque l'on veut semer des deux mains dans le même temps.

Quelquefois c'est un panier hémisphérique que le semeur maintient avec le bras sur la mamelle opposée au côté qu'il sème. Cette forme de semoir a l'inconvénient de fatiguer le bras, puisqu'il porte toute la charge d'une manière incommode, ce qui empêche le semeur d'avoir un jet uniforme s'il sème des deux mains, ou de prendre beaucoup de semence à la fois, ce qui lui fait perdre du temps.

On se sert encore, dans certaines localités, d'une nappe en toile que le semeur porte en baudrier, en attachant par un nœud deux des angles de la nappe sur le dos. Cette forme est bonne quand le semeur ne sème que d'un seul bras; autrement, il aurait à perdre trop de temps, puisqu'il serait obligé, à chaque extrémité de rayage, de changer la disposition de son semoir.

La meilleure forme de semoir est sans contredit celle qui est généralement adoptée dans les pays de grande culture de céréales et notamment dans les environs de Paris.

Ce semoir consiste dans un grand tablier d'environ 1ᵐ,50 de longueur, que le semeur passe à son cou et dans ses bras, et qui est ceint sur le dos et les reins. Ce semoir est assez large et ample à sa partie supérieure pour former poche quand la graine y est contenue ; il se rétrécit insensiblement à sa partie inférieure.

Le semeur, ayant pris de la semence, enroule son semoir d'abord au-dessus du coude, ensuite sur l'avant-bras, en maintient l'extrémité avec la main et recouvre le bras entier par un repli du semoir, afin de former une ouverture large et commode pour la prise de semence avec l'autre main.

La charge est, comme on le voit, répartie sur le bras entier, les épaules, le dos et les reins du semeur ; de cette manière, elle n'est pas aussi fatigante pour lui.

Son bras lui-même, qui contribue à supporter le poids de la graine, est disposé de telle manière dans cet arrangement, que, loin de se trouver fatigué, il trouve, au contraire, un point d'appui naturel contre la semence, dans les replis du semoir.

Cette forme permet encore au semeur de pouvoir modifier à volonté la quantité de semence qu'il a à porter.

§ II.

Conditions d'habileté mécanique pour la projection du jet de semence.

Il y a deux manières de projeter la semence dans l'action de la semaille à la volée : le semeur la jette devant lui sur la ligne qu'il parcourt, ou bien il la jette de côté en lui faisant décrire une parabole. La première manière est surtout en usage dans les pays où l'on enterre la semence à la charrue; le semeur alors suit la charrue en jetant devant lui dans le sillon ouvert.

Mais cette pratique n'est pas la plus usitée, c'est celle qui demande le plus de temps ; en outre, elle présente de grandes difficultés pour arriver à une bonne répartition de semence : nous n'en parlerons pas.

La seconde manière, qui est généralement employée dans les grandes exploitations où il y a de grands ensemencements à exécuter, a sur la première des avantages incontestables, comme on pourra en juger dans la suite de ce travail. Le plus grand avantage est d'admettre le croisement des jets de semence, condition essentielle d'une bonne répartition.

Ainsi la méthode que nous adopterons sera celle de

faire décrire à la semence une parabole sur le côté du semeur, en employant tout le développement du bras décrivant lui-même un arc de cercle et venant frapper l'épaule opposée.

Ce qui doit nous préoccuper avant tout dans les indications que nous allons donner, c'est la nécessité qu'il y a que la semence soit le plus possible disséminée dans la projection. On arrive à remplir ce but par beaucoup d'exercice manuel; mais cet exercice, pour qu'il soit efficace, doit être éclairé par quelques règles.

Le semeur ne peut projeter la semence que tous les deux pas, car il lui faut du temps pour la puiser dans son semoir.

Il importe, pour la bonne répartition, qu'il acquière une aussi grande habileté du bras gauche que du bras droit. On peut semer d'une seule main; mais ce mode, comme nous le verrons, est beaucoup moins parfait. Le semeur doit donc alternativement semer une ligne de la main droite et une ligne de la main gauche; il doit effectuer son jet à mesure que le pied du côté qu'il sème s'avance et s'appuie sur le sol pour porter le corps en avant. Dans ce moment, le bras a plus de force pour projeter, parce que le point d'appui se trouve plus près de lui. Ainsi, quand le semeur doit semer de la main droite, il doit effectuer son jet à mesure que le pied droit prend terre; de même, quand il devra semer de la main gauche, il l'effectuera à mesure que le pied gauche prendra terre.

C'est une habitude bien importante à acquérir que de bien accorder ses pas avec ses jets, le semeur en éprouve plus de facilité, moins de fatigue dans son travail, et il en résulte plus d'uniformité pour la semaille.

La position de la main dans l'action de puiser de la semence n'est pas chose indifférente; les ongles doivent se tenir en l'air, de manière à ce que la graine ne retombe pas.

Pour que celle-ci soit le mieux disséminée possible, il faut que la poignée soit allongée, de manière que la semence ne s'échappe de la main que successivement par les intervalles laissés entre les doigts.

L'index ne doit jamais être fermé, mais au contraire étendu; il coupe ainsi et disperse mieux la poignée de semence dans la projection qui en est faite.

Pour les graines fines, telles que trèfle et luzerne, etc., on les projette par pincées, tantôt avec deux, tantôt avec trois et même quelquefois avec quatre doigts, suivant la quantité de semence que l'on veut répandre sur une surface donnée.

La semence doit décrire une parabole sur le côté du semeur; cette parabole est déterminée par le mouvement du bras qui doit frapper l'épaule opposée. La main décrit donc un arc de cercle. Il ne faut lâcher la semence, c'est-à-dire ne commencer à ouvrir la main, que lorsque celle-ci se trouve en face du semeur. Ce ne peut être qu'à ce moment que la semence, qui a acquis une certaine force de projection, tend naturellement à s'échapper tangentiellement à la courbe décrite par la main. La graine ainsi se trouve lancée plus loin ; de plus, elle éprouve un certain obstacle de la part des doigts et en particulier de l'index, il en résulte que la semence s'éparpille mieux et plus également sur le sol.

On conçoit que, pour qu'il y ait égale répartition de semence, il importe que les jets de semence soient bien égaux ; pour cela, il faut que le bras ait toujours un égal développement dans son mouvement. Plus la courbe décrite par la semence sera prononcée, meilleure encore sera la répartition ; car, comme les jets doivent être croisés ainsi qu'on le verra plus tard, le croisement s'effectuera mieux et produira plus d'uniformité dans la répartition de la graine.

On peut, pour arriver à ce but, observer certaines positions dans les mouvements de projection. Ces mouvements analysés peuvent se réduire à quatre :

1° Plonger la main dans le semoir, ayant soin, comme nous l'avons dit, de tenir les ongles en l'air ;

2° Étendre le bras horizontalement à la hauteur de l'épaule et dans l'axe des deux épaules;

3° Rejeter le bras un peu en arrière et en bas, dans la position d'un homme qui veut lancer un projectile;

4° Projeter le bras de manière à ce qu'il vienne frapper l'épaule opposée.

CHAPITRE DEUXIÈME.

§ Ier.

Considérations générales.

Jusqu'à présent nous nous sommes occupé de l'exercice de la main , du bras et du pas du semeur; nous avons indiqué et analysé les mouvements qu'il devait observer pour qu'il composât un jet toujours uniforme, toujours égal et aussi disséminé que possible. Cette étude se résume plutôt en un exercice physique qu'en un exercice de combinaison. Quand cette habileté du corps est acquise, c'est déjà beaucoup certainement, mais elle n'atteint qu'une partie du but. Il faut encore combiner un arrangement tel de ces jets de semence, que le champ soit également semé partout, qu'il n'y ait pas plus de semence dans une place que dans une autre.

On entend par *rayage* la ligne parcourue par le semeur.

Par *train*, on entend l'espace de terre compris entre deux rayages.

Par *jet de semence*, nous entendrons la grandeur de la courbe décrite par la semence.

Le semeur, se disposant à ensemencer un champ, observera, avant de commencer son opération, dans quelle direction vient le vent ; il devra jeter la semence suivant cette direction, ses rayages seront perpendiculaires à celle-ci.

Lorsque le semeur observe cette direction, il est moins incommodé par la poussière du chaulage. Malgré cette précaution, il est obligé encore d'en avaler beaucoup, et l'on sait que c'est cette poussière qui le fatigue le plus dans la semaille du blé. Il est encore nécessaire de suivre cette direction pour la bonne répartition de la graine ; le vent alors vient en aide au semeur, la graine peut être projetée plus loin et s'éparpille mieux.

Lorsqu'au contraire on sème contre le vent, la semence revient sur le semeur, s'abat par places, et ce dernier en est d'autant plus fatigué.

Nous avons dit, plus haut, qu'il était désirable que le semeur pût semer des deux mains, qu'il fût tout aussi exercé de l'une que de l'autre; on peut en concevoir la raison maintenant. Si le semeur ne semait que d'une main, la semence serait projetée, tantôt dans la direction du vent, tantôt contre cette direction, ce qui formerait des *barres*, comme l'on dit en pratique ; le champ serait d'autant plus mal semé que le vent serait plus intense.

Nous dirons, plus loin, ce que l'on entend par *barres*, par *champ barré*.

Ainsi la première observation que le semeur ait à faire, quand il se dispose à semer, c'est d'apprécier la direction du vent.

Quand on se propose de semer sur hersage et de recouvrir la semence de cette manière, il faut avoir soin de donner le hersage de préparation dans la direction du principal vent régnant à l'époque de la semaille, en sorte que le semeur, devant jeter la graine suivant la direction du vent, établisse ses trains dans le sens perpendiculaire au trait de herse : de cette manière, les herses, qui vont après le semeur et qui couvrent ce qu'il fait, en suivant la même direction que lui, passent en travers du premier hersage et enterrent mieux la semence. Dans chaque localité, à chaque époque, il y a un vent dominant qui persiste pendant quelque temps. Comme le hersage de préparation est donné quelques jours avant la semaille, il est présumable que le vent ne changera pas subitement d'une manière sensible avant cette époque : on fera donc bien de prendre la précaution que nous venons d'indiquer, de s'en rapprocher autant que possible. Quelquefois, sans doute, il arrivera qu'au moment de la semaille le vent aura pris une autre direction ; alors on fera en sorte que la herse qui suit le semeur marche, autant que possible, obliquement au premier trait de herse : c'est un moyen de mieux enterrer la graine que si l'on suivait entièrement la direction de ce premier trait.

Ces précautions s'appliquent particulièrement à la semaille, sur de grandes pièces de terre, des grosses graines, assez difficiles à être enterrées ; elles seraient inutiles pour les graines fines demandant à être enterrées peu profondément.

Quelquefois l'on sème sur le labour brut, sans hersage préalable, et l'on enterre à la herse. Pour bien faire, il faudrait que le hersage fût donné perpendiculairement à la direction du labour, et, pour cela, il faudrait que ce labour eût été donné dans la direction du vent. Mais, généralement, les semeurs cherchent à faire le contraire, c'est-à-dire à donner le labour perpendiculairement à la direction du vent : c'est qu'alors ils se servent des sillons tracés, pour marquer leurs rayages ; ensuite ils éprouvent moins de difficultés pour cheminer que s'ils étaient obligés de marcher en travers des sillons. Ces deux avantages contre-balancent le premier ; d'ailleurs il n'en est pas de même de ce cas que de celui où un hersage précède la semaille. Le trait de herse donné, même dans le sens des sillons, couvre suffisamment la semence, attendu que les crêtes des bandes de terre offrent une certaine prise à la herse.

Dans ce cas même, on peut faire obliquer un peu la direction du hersage sur celle du labour.

§ II.

Méthode de semis en courbes latérales non croisées.

Nous avons admis que la semence devait être projetée en courbes latérales ; or, la première idée qui se présente pour la disposition de ces courbes est celle-ci :

Soit donné à ensemencer le champ A B C D (fig. 1).

3

Fig. 1.

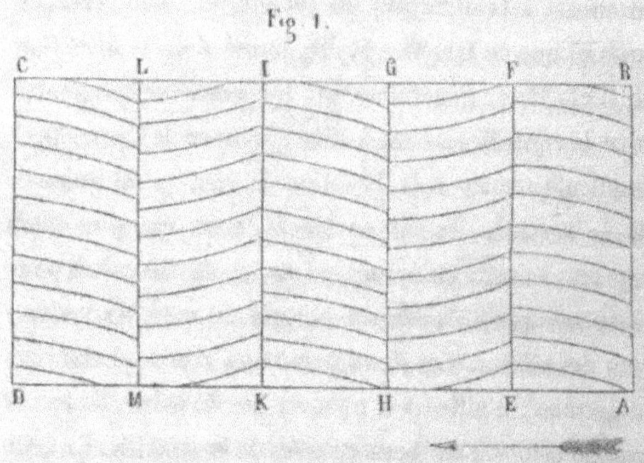

Le vent soufflant de A en D, le semeur se placerait
au point A et cheminerait sur la ligne A B en projetant
la semence.

Les courbes auraient atteint la ligne E F. Lorsque le
semeur serait arrivé au point B, le rectangle A B F E
serait semé, et les courbes de semence seraient disposées comme sur la figure. Le semeur, se plaçant alors en F
et changeant de bras, cheminerait sur la ligne F E, limite des premiers jets de semence, et sèmerait le second rectangle F E H G; arrivé au point E, il se porte-
rait en H et continuerait de la même manière jusqu'à
la fin.

La largeur de ces rectangles dépendrait de la quantité de semence que le semeur peut contenir dans sa main et de la grandeur de ses pas. Il est clair que plus serait forte la poignée du semeur, et moins ses pas seraient grands, plus la largeur du rectangle serait grande.

Mais le système que nous venons d'indiquer n'atteindrait nullement le but de la répartition : en effet, la courbe de semence n'est pas la même sur toute son étendue ; dans le milieu, elle est plus chargée de semence que dans ses extrémités, ceci est évident.

Il arriverait donc que les lignes AB, FE, GH, etc., seraient plus clair-semées que le milieu des rectangles ; le champ alors serait *barré*.

En outre, comme les courbes ne se décrivent que tous les deux pas, il y aurait entre deux courbes une partie presque sans semence ; à la levée des graines, ceci serait sensible.

En troisième lieu, enfin, la largeur des rectangles dépendant des poignées et des pas du semeur, il suit que, dans bien des circonstances, cette largeur devrait être restreinte pour qu'il y ait suffisance de graines sur l'étendue du train. La largeur étant restreinte, le jet le serait aussi, souvent outre mesure, ce qui le rendrait imparfait; car on sait que plus un jet de semence est étendu, mieux celle-ci se dissémine.

§ III.

Méthode de semis par double croisement de jets.

C'est pour obvier à ces trois inconvénients que nous venons de signaler, que l'on adopte le système de semailles par croisement.

Voici en quoi consiste cette méthode :

Soit à ensemencer le champ A B Q P (fig. 2).

Fig. 2

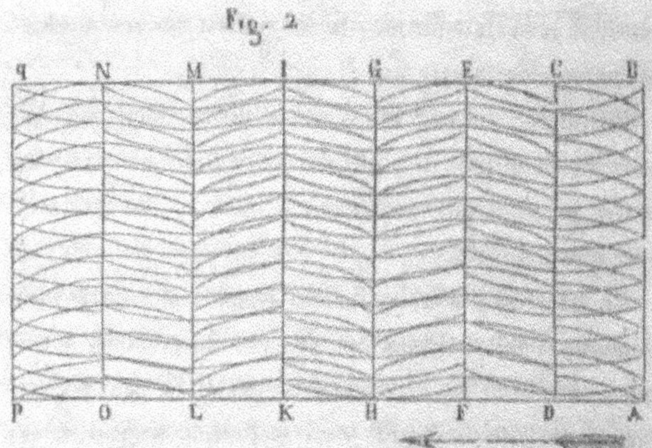

Ces différents rectangles représentent les trains du semeur. Nous avons dit ce que l'on devait entendre par *train*; la largeur de ces trains est la même pour tous, elle dépend du pas et de la poignée du semeur; dans ce moment, nous ne nous occuperons pas de calculer cette largeur.

Le vent soufflant de A en P, comme l'indique la flèche, le départ se fera du point A. Le semeur cheminera sur A B, en ne projetant que des demi-poignées, s'il s'agit de céréales ou des graines analogues, ou bien des demi-pincées, s'il sème des graines fines. Il jettera la semence presque devant lui en ne couvrant qu'un train, de sorte que la limite de ses jets de semence, dans ce moment, sera la ligne C D.

Arrivé en B, il reviendra sur la même ligne en semant de l'autre main : alors les poignées sont entières ; le semeur donne à la courbe de semence toute son étendue et couvre deux trains.

Lorsqu'il est revenu au point de départ A, le premier train A B C D est complétement couvert, puisqu'il a reçu la couverture de deux demi-poignées ; le second train C D E F est semé à moitié, il n'a reçu qu'une demi-semence. Les jets du semeur se sont partagés entre deux trains ; le semeur alors se porte sur la limite du premier train et chemine sur D C en semant à pleine volée, c'est-à-dire en couvrant la largeur de deux trains ; quand il est au point C, deux trains sont entièrement couverts, le troisième a une demi-semence ; le semeur alors passe au point E, sème comme précédemment, et ainsi de suite. On voit qu'à chaque rayage le semeur termine l'ensemencement d'un train et en recommence un second; on voit qu'à chaque extrémité il doit changer son semoir de bras; et, comme tous les trains doivent être égaux, il suit que, quand un rayage est terminé, il reprend l'autre à la même distance. Ainsi, si les trains sont de 5 mètres, par exemple, les jets doivent être doubles, et c'est toujours à 5 mètres de l'endroit où il aboutit que le semeur doit recommencer un nouveau rayage.

Actuellement je suppose que le semeur ait parcouru le rayage I K, et qu'il ait donné une demi-semence à l'avant-dernier train M N O L; il devra se transporter au point P et cheminer sur la ligne P Q, limite du champ, en couvrant de la main gauche les deux derniers trains.

Arrivé au point Q, il reviendra sur la même ligne en ne projetant que des demi-poignées sur le dernier train; le champ alors sera ensemencé.

On observe que, dans les deux derniers rayages, le semeur a semé contre le vent, ce qui est contraire à notre principe; mais ici il y a exception : il est à craindre qu'en projetant selon la direction du vent, comme on l'a fait dans tout le courant de la semaille, la graine ne vienne à dépasser la limite du champ, ce qui est une perte et un inconvénient. D'ailleurs, il ne s'agit d'ensemencer ainsi que deux rayages ; le semeur a soin de baisser un peu le bras dans la projection du grain, de jeter *en coulant*, comme on dit, pour que le vent n'ait pas autant de prise sur le jet.

Par ce dernier rayage le semeur a *dégrainé* le champ, par le premier il l'avait *engrainé* ; ainsi *engrainer* et *dégrainer* signifient faire les bordures. Ces deux expressions ont la même signification ; seulement l'une se dit quand on commence, l'autre quand on finit [1].

§ IV.

Moyen d'engrainer et de dégrainer les bordures du haut et du bas du champ.

Mais il n'y a pas, dans un champ, que ces deux bordures ; il y a encore celles du haut et du bas. Or, si l'on se bornait, pour leur ensemencement, à ce que nous

---

[1] En général, dans les engrainages et dégrainages, on doit faire en sorte de ne pas jeter de semence sur le champ voisin ; pour cela, il faut toujours cheminer à quelques décimètres du bord du champ quand on jette l'engrain : on entend par engrain la demi-semence ou le tiers de semence que le semeur répand sur les trains des extrémités.

avons dit précédemment , il arriverait qu'elles seraient
ensemencées imparfaitement : en effet, comme le jet de
semence se fait latéralement et assez en avant du semeur, il arrive que, lorsque ce dernier commence un
rayage, il y a une partie de terrain qui ne peut être re-
couverte : il est facile de représenter par une figure les
taches qui se trouveraient sur ces bordures.

Les marques 1 , 2 , 3 , 4 , 5 représentent ces taches
dans la fig. 3.

Fig 3.

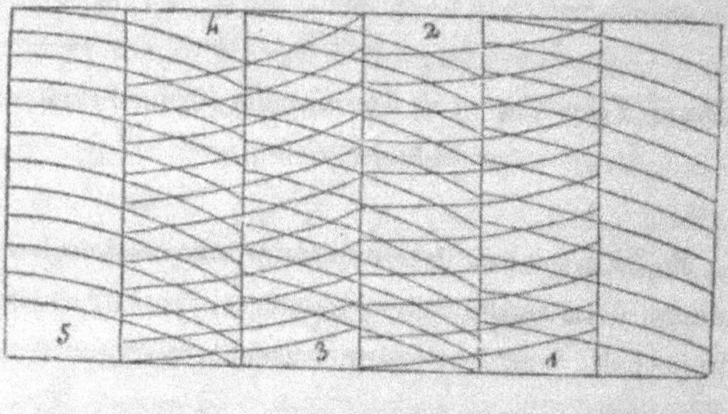

De là la nécessité d'adopter pour ces bordures une
espèce particulière d'engrainage.

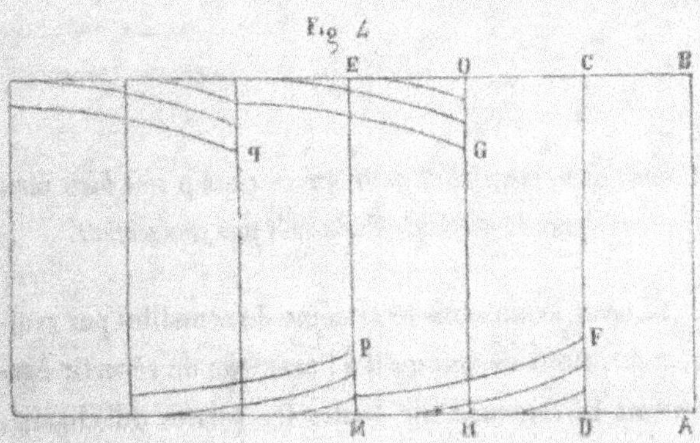

(Fig. 4.) Après avoir engrainé et être revenu au point A, en semant de la main gauche, le semeur se portera en F, c'est-à-dire à deux ou trois pas du point D, et se tournant en face de D et semant de la main gauche, il jettera quelques poignées en allant sur D. Cela fait, il changera son semoir de bras et cheminera sur D C en semant de la main droite. Arrivé en C, il se portera en G, et, en se servant encore de la main droite, il sèmera quelques poignées *en coulant* et en faisant en sorte que la semence atteigne le plus près possible du bord du champ. Arrivé en D, il changera de bras et cheminera sur O H en semant de la main gauche, et ainsi de suite.

§ V.

*Conditions essentielles pour qu'un champ soit bien semé
d'après la méthode des semis par croisement.*

Si nous examinons le système de semailles par croisement, nous voyons qu'il a l'avantage de répartir également la semence sur toutes les parties du champ, chaque place ayant été couverte en deux fois. Les lignes qui marquent les rayages ne sont point privées de semence, comme cela peut arriver dans le premier système. Chaque train étant couvert en deux fois et les courbes de semence non-seulement se croisant, mais se croisant encore en sens inverse, il arrive que l'on ne risque pas de voir marquer les jets de semence.

Ces jets, dans ce système, sont plus étendus du double, ce qui est une bonne condition pour la dissémination de la graine.

Mais, pour que ce système conserve tous ses avantages, il faut d'abord, comme nous l'avons déjà dit, que les courbes décrites par la semence soient toutes parallèles, égales, et à des distances égales ; il faut, en outre, que les rayages soient parallèles et à des distances égales.

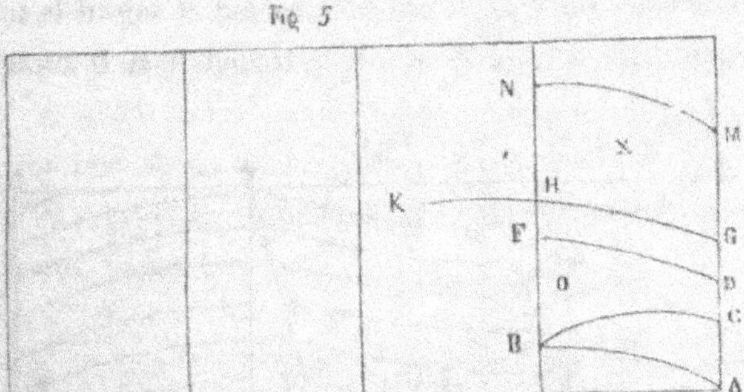

Les courbes doivent être parallèles; car, si C B, par exemple (fig. 5), n'est pas parallèle à A B et D F, il est clair qu'au point O il y aura une place vide ou à peu près, tandis que la partie B serait trop chargée de semence.

Les courbes doivent être égales; car, si G H, par exemple, dépasse les autres courbes de la quantité H K, il est clair que cette courbe G H sera moins chargée de semence, puisqu'une portion du jet sera tombée sur un autre train.

Enfin les courbes de semence doivent se trouver distantes entre elles également, autrement il se trouverait une place, X, dépourvue de semence

Nous avons dit, en outre, que les rayages devaient être parallèles et à des distances égales. Les rayages doivent être parallèles : en effet, fig. 6, si, au lieu de cheminer sur C D, le semeur s'égarait et suivait la ligne C H, il est évident que le triangle C H D aurait

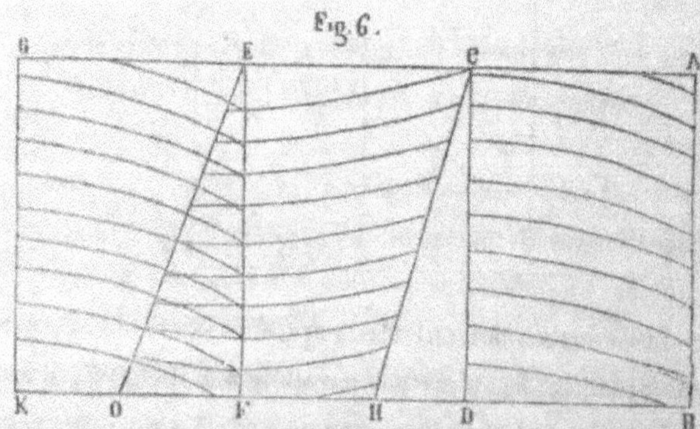

moins de semence que le reste du champ, et si, au lieu de suivre une parallèle à C H, le semeur venait à reprendre une ligne parallèle à la première direction, il est clair que le triangle E O F serait trop chargé de semence.

Les rayages doivent être également distants, car autrement les trains ne seraient pas égaux, et il y en aurait de moins chargés les uns que les autres.

Dans les figures 5 et 6 que nous venons de donner, pour rendre les choses plus sensibles, nous avons supposé que les trains n'étaient recouverts qu'en une fois seulement.

Ce sont toutes ces inégalités dont nous venons de

parler, que l'on appelle *barres* en pratique : on dit alors qu'un champ est *barré*.

Ainsi des *barres* sont des lignes peu ou pas semées ou trop semées qui tranchent sur le reste de la semaille ; elles peuvent être produites, ou par l'inégalité dans les trains, ou par l'inégalité dans les jets de semence '.

§ VI.

Moyen de se servir de jalons pour se guider dans les ensemencements.

Le semeur s'aide souvent, comme nous l'avons dit, des traits de charrue pour suivre des rayages parallèles ; mais cela n'est pas toujours possible : alors les semeurs exercés se servent des traces imprimées sur le sol par leurs pieds ; de cette manière, ils se tiennent toujours à une distance égale de leur précédent rayage. Mais, pour des semeurs commençants, il sera toujours bon de se servir de jalons ; voici comment on opérera :

' On dit que la semaille est *poignadée*, quand la semence tombe par places, quand elle tombe en un seul endroit.

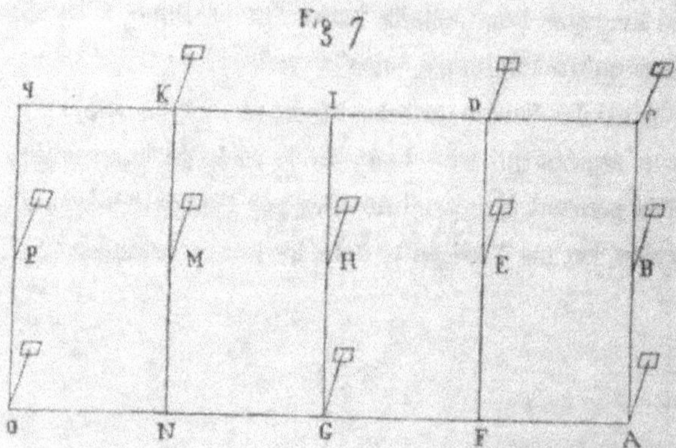

Le semeur prendra trois jalons au moins ; il en placera un au point A , l'autre au point B, à peu près au
milieu de la ligne A C, et le troisième enfin au point C.
Il engrainera en partant du point A ; arrivé au point C,
il prendra le jalon qui s'y trouve et le plantera en D ; il
reviendra au point C pour cheminer de nouveau sur la
ligne A C. Il lui reste deux jalons sur cette ligne ; il ne
peut donc s'en écarter. Arrivé en B, il prend le jalon qui
s'y trouve et le porte au point E, à une largeur de train ;
il revient en B et continue jusqu'en A.

Arrivé au point A, il enlève le jalon qui s'y trouve,
et le porte au point G, c'est-à-dire à deux largeurs de
train.

Il revient au point F et chemine sur F D , direction
qui est déterminée par deux jalons. En passant au point

E, il transporte le jalon qui s'y trouve à une largeur de train au point H, et revient continuer dans la direction F D, en se guidant sur le jalon qui est en D. Venu en D, le semeur transporte le jalon qui s'y trouve à deux largeurs de train au point K, revient en I pour cheminer sur I G, et ainsi de suite.

§ VII.

Semis entrepris de gauche à droite du champ.

Dans l'exemple dont nous nous sommes servi (fig. 2) pour démontrer le système des semailles par croisement, nous avons commencé l'ensemencement sur la droite du champ, sur la ligne A B; nous pourrions également commencer sur la gauche, sur la ligne P Q.

Nous engrainerions, en semant de P en Q, des demi-poignées sur un seul train : cet engrainage se ferait contre le vent. Arrivé en Q, nous reviendrions par la même ligne en semant encore contre le vent, mais en couvrant deux trains avec des poignées entières.

Le train O N Q P est entièrement semé, le train O L M N n'a reçu qu'une demi-semence. Nous viendrions nous placer au point K, et semant selon le vent, nous couvririons deux trains comme nous l'avons indi-

qué. Du point I nous passerions au point G et continue-
rions la semaille par la ligne G H, et ainsi de suite ; nous
arriverions à dégrainer comme nous avions engrainé
dans le premier exemple.

On voit que la méthode est la même dans son principe , soit que l'on commence à gauche, soit que l'on
commence à droite du champ. Lorsque le semeur pro-
cède de droite à gauche, il marche toujours sur une
partie ensemencée, *il marche sur grain*; lorsqu'il pro-
cède de gauche à droite, il marche sur des parties qui
n'ont pas encore été ensemencées, *il marche hors grain*.
Ce dernier système a un avantage marqué sur le premier
en ce que le semeur, projetant sa semence du côté qu'il
a déjà parcouru , trouve dans ses *rayages* précédents le
moyen facile de vérifier l'étendue de la projection de la
graine et de ramener ainsi son jet dans la limite des
trains qu'il a à couvrir.

§ VIII.

Changements de trains à cause du changement de vent.

Dans le courant de l'opération, je suppose que le vent
vienne à changer, que, de nord qu'il était , il devienne
sud.

Fig. 8

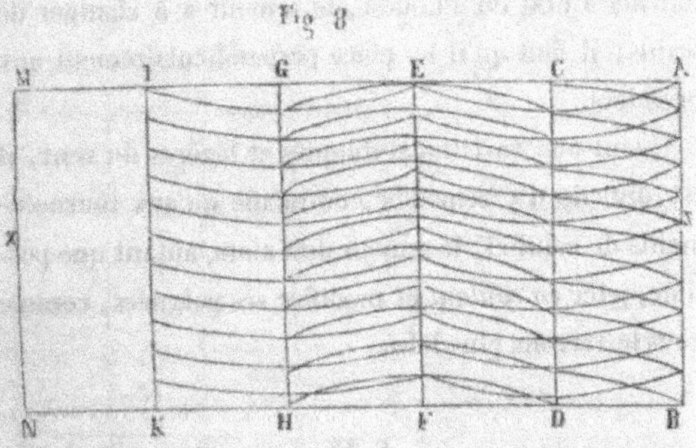

Je suppose qu'ayant parcouru le rayage D C, le semeur s'aperçoive que le vent, qui venait d'abord de Z,
change de direction et souffle de X ; il se portera à
trois largeurs de train du point C, c'est-à-dire au point I,
et, sans changer de bras, il jettera sur sa gauche, du
côté Z, en couvrant deux trains : de cette manière, il
achèvera le train E G H F commencé et donnera une
première semence au train I G H K.

On voit que nous adoptons, dans ce cas, le second
système dont nous avons parlé, où l'on ne marche pas
sur son grain.

Dans ce cas, les trains et les rayages ne changent pas;
le semeur suit les mêmes lignes, seulement il jette d'un
autre côté.

Quand le vent, de nord ou sud qu'il était, vient à

tourner à l'est ou à l'ouest, le semeur a à changer de trains ; il faut qu'il les place perpendiculairement aux premiers.

Quant aux variations obliques et légères du vent, il est difficile d'y remédier, de même qu'aux tournoiements de celui-ci ; le semeur doit alors, autant que possible, jeter *en coulant* et modifier ses poignées, comme nous le verrons plus loin.

§ IX.

Méthode de semis par triple croisement des jets de semence.

Dans le système de semailles que nous avons décrit, les jets de semence sont croisés ; chaque train est recouvert en deux fois. On a vu combien ce système atteignait le but de la répartition de la semence ; mais on pourrait encore le rendre plus parfait en recouvrant chaque train en trois fois, au lieu de le recouvrir en deux fois seulement.

Soit à ensemencer le champ A B C D (fig. 9).

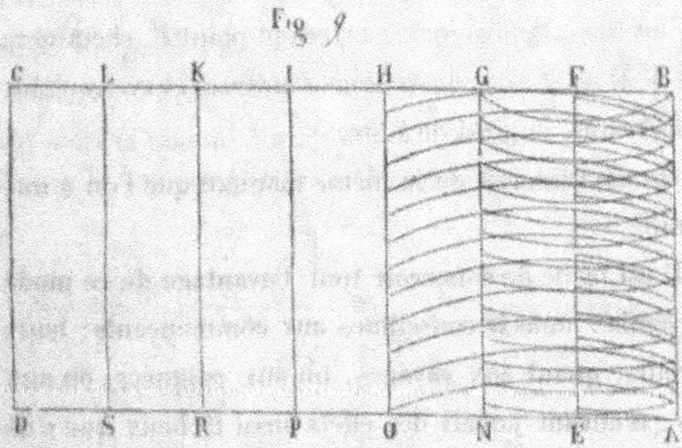

Le champ sera divisé en trains égaux, comme dans les méthodes précédentes; chaque train aura une largeur égale au tiers du jet, si le jet est déterminé; ou bien le jet sera le triple du train, si la largeur de celui-ci est elle-même déterminée. On verra, plus loin, que cette dernière se fixe d'après la quantité de graine que l'on projette par rayage.

Le semeur ira de A en B, en couvrant le premier train avec un tiers de poignée ou de pincée, suivant l'espèce de graine à répandre; il reviendra de B en A, en couvrant deux trains avec deux tiers de poignée; il retournera de A en B, avec trois tiers de poignée et en couvrant trois trains : le champ est engrainé. Le premier train a reçu trois tiers de semence, il est semé;

le second en a reçu deux tiers ; le troisième n'en a reçu qu'un tiers. Le semeur se portera au point F, cheminera sur F E en semant des poignées entières et en couvrant trois trains, et ainsi de suite.

On dégrainerait de la même manière que l'on a engrainé.

Il est facile de concevoir tout l'avantage de ce mode de semis : nous le conseillons aux commençants ; leurs erreurs, quant aux rayages, ou aux poignées, ou aux pas, n'auront jamais des effets aussi fâcheux que s'ils suivaient la méthode de semis par double croisement. Les semeurs les plus habiles l'adoptent même toujours pour la semaille des graines fines, dont la dissémination est difficile, quoique, d'ailleurs, ce mode de semis, dans ce cas, demande plus de temps.

§ X.

Marche du semeur, quand ce dernier ne peut semer que d'une seule main.

Nous avons vu que, pour bien semer, il fallait savoir se servir également d'une main et de l'autre ; malgré

cela, bien des semeurs ayant contracté l'habitude de ne
se servir que d'une main, de la droite par exemple, ils
ne peuvent pas arríver à employer l'autre bras. Quelle
est alors la marche à suivre ?

Fig. 13

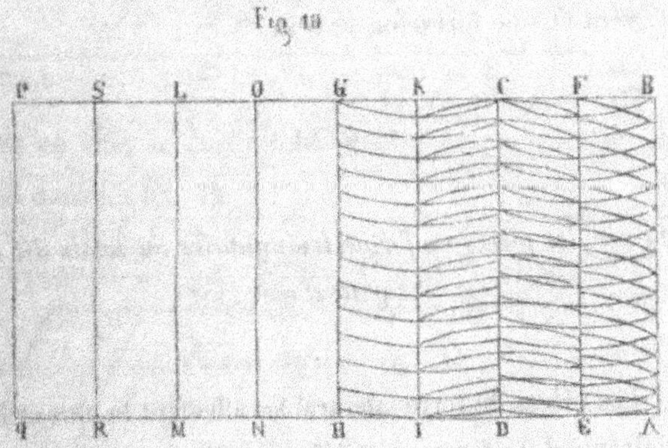

Partir de A en semant des demi-poignées et ne couvrant qu'un train, de B se porter sur C et semer deux
trains avec poignées entières; partir de E, aller en F;
partir de G, aller en H; se mettre au point I, aller
en K; se placer en L et venir en M; partir de N, aller
en O.

Venir en P et semer avec des demi-poignées en ne
couvrant qu'un train; enfin cheminer selon la ligne M L
et semer les deux derniers trains avec des poignées entières.

On voit qu'avec cette méthode, à part les engrainage et dégrainage, on laisse la largeur de trois trains en haut et d'un seul en bas, mais en bas du champ on recule.

Comme on doit le remarquer, on jette une fois contre le vent et une fois selon le vent.

§ XI.

Semis des pièces de forme triangulaire ou semis dit en patte d'oie.

Les pièces de terre labourables affectent le plus ordinairement la forme parallélogrammique; cette forme est, en effet, la plus commode et la plus convenable pour les labours et les semailles dans les pays où on laboure par *planches* et où l'on se sert, pour cela, de la charrue à versoir fixe. Néanmoins, il peut se rencontrer parfois des pièces en forme de trapèze comme la figure suivante (fig. 14).

Fig. 11.

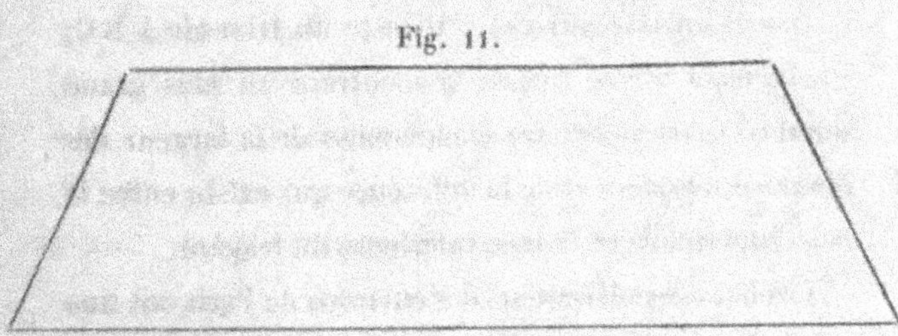

Dans ce cas, le cultivateur établit ses planches de labour comme dans les fig. 12 et 13.

Fig. 12.

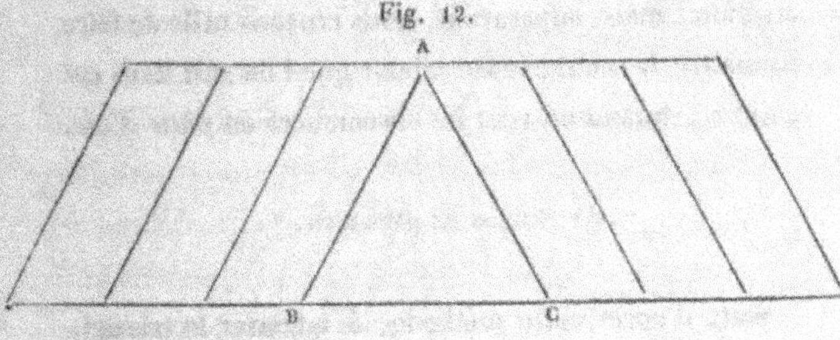

Fig. 13.

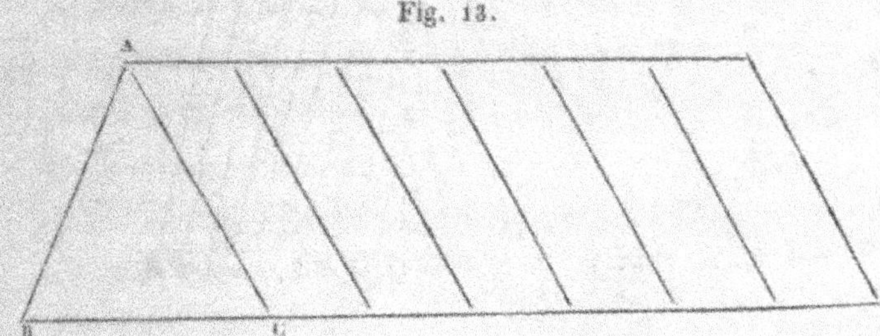

Dans l'un et l'autre cas, il reste un triangle A B C; quelquefois même il s'en rencontrera un plus grand nombre : cela dépendra évidemment de la largeur des planches adoptées et de la différence qui existe entre la base supérieure et la base inférieure du trapèze.

Les habiles cultivateurs des environs de Paris ont une méthode particulière d'ensemencer ces pointes. Cette méthode, connue sous le nom de semis *en patte d'oie*, est de nature à être recommandée et avantageusement adoptée. Nous nous proposons donc d'en donner la description ; mais, auparavant, nous croyons utile de faire connaître la méthode de labour que l'on suit dans ces pointes, quand on veut les ensemencer en *patte d'oie*.

1 Labour en patte d'oie.

Soit, d'après cette méthode, à labourer le triangle A B C (fig. 14).

Fig. 14.

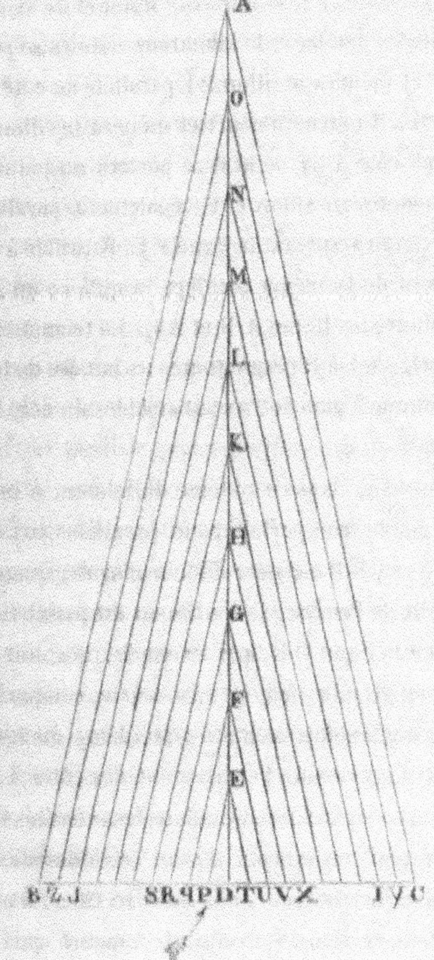

Après avoir tracé avec la charrue une ligne A D en forme d'*enrayure*, qui joindrait le sommet du triangle avec le milieu de sa base, le laboureur viendra se placer au point P et mènera le sillon P E parallèle au côté A B. Arrivé en E, il tournera court et mènera le sillon E T parallèle au côté A C; de là il se portera au point Q, tracera un nouveau sillon Q F, également parallèle à A B, et reviendra, suivant la ligne F U, parallèle à A C: il continuera de la même manière jusqu'à ce qu'il arrive à rejoindre les lignes A B et A C. Le triangle alors sera *endossé*, c'est-à-dire que toutes les bandes de terre, à droite comme à gauche, seront rejetées du côté de la ligne A D.

Tout consiste, dans ce système de labour, à mener des traits de charrue parfaitement parallèles aux côtés du triangle; mais il est assez difficile d'avoir, quand on est au début de l'*endos*, le sentiment du parallélisme, attendu que la ligne P E, par exemple, qui doit être parcourue en premier lieu, est très-courte, comparée au côté A B; quelquefois même les accidents du terrain empêchent d'apercevoir l'écartement des côtés A B et A C: alors une légère déviation dans les premiers traits de charrue peut en amener d'assez sensibles dans la suite et forcer le laboureur, afin de se rectifier, d'abandonner, dans certains endroits, le rapport qui doit exister constamment et nécessairement entre la profondeur et la largeur de la bande de terre, et par suite son inclinaison, pour que le labour soit aussi parfait que possible.

Il serait donc intéressant d'avoir à sa disposition un moyen sûr qui permît au laboureur d'arriver, sans tâtonnement, au parallélisme des traits de charrue.

Ce moyen pratique existe; il consiste à marquer, par des jalons, les points E, F, G, etc., auxquels on doit aboutir pour tourner.

Pour déterminer ces points, il y a lieu d'observer qu'il y en aura autant sur A D que l'on a à faire de tours de charrue pour que le triangle soit labouré; mais il y aura évidemment autant de tours de charrue à faire pour arriver à ce résultat, qu'il y aura de bandes de terre entre le point B et le point D, c'est-à-dire que B D contiendra de fois la largeur de bande de terre adoptée; de plus, il est clair que les points E, F, G, H, K, L, M, N, O, A seront également distants les uns des autres, puisque, d'ailleurs, les tranches de terre auront toutes même largeur.

Or, si nous connaissions le nombre de bandes contenues dans B D, ce qui est facile (en divisant B D par la largeur de ces bandes), nous arriverions à trouver la distance qu'il doit y avoir entre chacun des points E, F ,

G, etc., en divisant la ligne A D par ce nombre de bandes.

Soit, par exemple, P D ou la largeur de la bande de terre égale à $0^m,25$; soit B D $= 2^m,50$; il y aura évidemment dix largeurs de bandes dans B D, ou dix tours de charrue pour effectuer le labour de la pointe ; soit, en outre, A D $= 50^m$; chacune des distances E D, E F, etc., sera égale à $\frac{50}{10} = 5$ mètres.

Le laboureur plantera un premier jalon à 5 mètres, à partir du point D sur A D ; il en placera un autre au point F, à 5 mètres plus loin ; enfin un troisième au point G, à la même distance.

Trois ou quatre points marqués d'avance et de cette manière, sur la ligne A D, lui suffiront, dans la plupart des cas, pour établir le parallélisme des traits de charrue : en effet, quand le quatrième sillon S H et H X est tracé, les rayages ont acquis assez d'étendue pour qu'un laboureur tant soit peu habile continue à mener des traits parallèles sans le secours de jalons.

Mais, d'ailleurs, rien ne l'empêcherait, arrivé avec son attelage au point H, de prendre le jalon qui était à ce point et de le porter à 5 mètres plus loin, sur la ligne A D, afin d'avoir un point d'alignement dans le tour suivant ; il peut répéter cette manœuvre jusqu'à la fin : les laboureurs commençants feront même bien d'en agir toujours ainsi.

Mettons en formule générale le calcul précédent :

Soient B, la base du triangle à labourer [1] ;

H, la ligne qui joint le sommet avec le milieu de la base de ce triangle ;

L, la largeur de la bande de labour.

Puisque F P est parallèle à A B, les deux triangles A B D et E P D sont semblables, et l'on a :

$$B D : P D :: A D : D E$$

Ou bien en substituant $\frac{B}{2} : L :: H : D E$

D'où $D E = L \times H : \frac{B}{2} = L \times H \times \frac{2}{B} = \frac{2 L H}{B}$

Ce qui veut dire :

$$\text{La distance entre deux jalons} = \frac{2 \text{ fois la largeur de bande} \times \text{la hauteur du triangle}}{\text{la base du triangle}}$$

Dans le second labour, le laboureur fera l'inverse de ce qu'il a fait dans le premier. Se plaçant sur la droite du triangle au point C, il cheminera sur A C. Arrivé en A, il tournera à gauche et labourera la ligne A B ; de là il se portera en Y, aboutira au point O correspondant, tournera à gauche et se dirigera vers Z, et ainsi de suite, jusqu'à ce qu'il ait terminé par les rayages P E, T E. Le

---

[1] Cette ligne marquera le plus ordinairement la hauteur géométrique du triangle.

triangle alors sera *refendu*, la dérayure se trouvera à la place de l'*endos*, c'est-à-dire sur la ligne A D.

On observe que, dans ce cas, le laboureur commence par les plus grands rayages et termine par les plus petits; il n'a pas besoin alors de se servir du moyen que nous avons indiqué pour le labour d'*endossement*. Les tournées de l'attelage se font à gauche; c'était le contraire dans le premier labour.

Venons actuellement au mode de semis en *patte d'oie*.

2. Semis en patte d'oie.

Soit à ensemencer le triangle A B C d'après ce système (fig. 15).

Fig. 15.

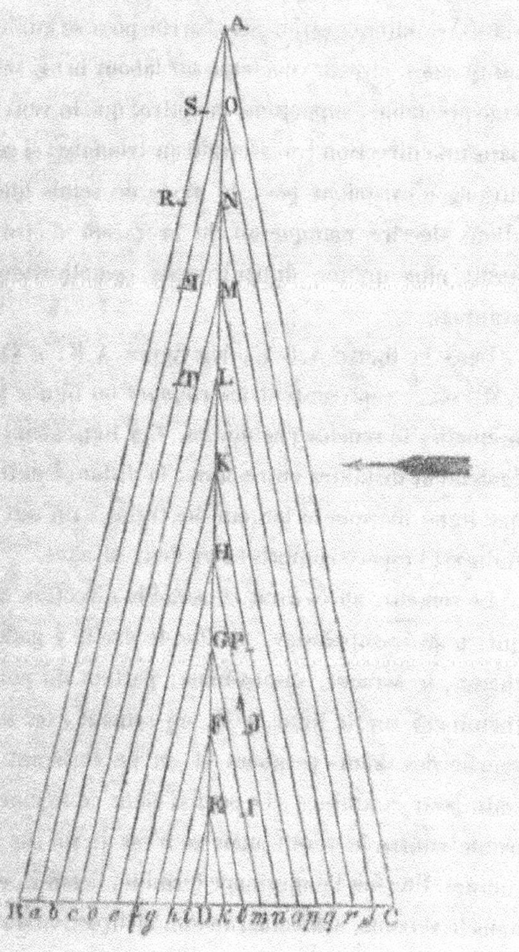

Admettons d'abord que ce triangle ou *pointe* ait été labouré selon la méthode précédente, que le semeur veuille profiter des traits de charrue pour se guider dans ses rayages, et pour cela sème sur labour brut, sans hersage préalable ; supposons, en outre, que le vent souffle dans une direction transversale au triangle : si ces conditions n'existaient pas, le mode de semis que nous allons décrire manquerait de sa raison d'être et ne serait plus qu'une difficultueuse complication sans avantage.

Dans la figure A B C, les lignes A B, *a* O, *b* N, *c* M, etc., représentent les *rayages* ou lignes suivant lesquelles le semeur cheminera. Ces lignes sont toutes également distantes entre elles ; la distance entre chaque ligne marque la largeur des trains : on sait qu'un train est l'espace compris entre deux rayages.

Le semeur, après avoir consulté la direction du vent qui, nous le supposons, souffle de droite à gauche du champ, le semeur, disons-nous, partant du point B, cheminera sur la ligne A B, en semant avec la main gauche des demi-poignées et en ne couvrant qu'un train pour engrainer. Le semis, dans ce rayage, s'effectue contre le vent ; mais ce n'est qu'un cas exceptionnel. Une fois l'engrainage terminé, le semis, comme nous le verrons, s'effectuera selon la direction du vent :

on en agit ainsi pour éviter de projeter de la semence en dehors du champ.

Arrivé en S, c'est-à-dire en face du point O, point d'intersection du rayage *a* O (qui limite à droite le train A B *a* O) avec la ligne médiane A D, qui est marquée sur le terrain par un *ados* ou une *dérayure*, suivant qu'on sème sur premier ou second labour, arrivé en S, disons-nous, le semeur diminuera ses prises de semence et ses jets, et cela progressivement jusqu'à ce qu'il ait atteint le point A.

De là, suivant la ligne A D, il sèmera avec la main gauche le triangle A R N, en augmentant progressivement ses prises de semence et ses jets jusqu'en N. A ce point, il prendra le rayage N *b* et couvrira, avec des poignées entières, les deux trains qui se trouvent sur sa gauche. Quand il sera arrivé au point *b*, le premier train B A O *a* sera complétement semé, puisqu'il aura deux demi-semences ou une semence entière. De *b*, le semeur se porte à une largeur de train sur la droite. Supposons cette largeur égale à 2 mètres, supposons la largeur du sillon égale à 0^m,25, la largeur du train sera marquée par huit sillons; le semeur se placera donc sur le huitième sillon, à partir de *b*, au point *c*.

Là il prendra le rayage *c* M, et, avec la main droite et en semant des poignées entières, il couvrira les deux trains sur sa gauche. Arrivé en M, point d'intersection de *c* M et de la ligne médiane A D, il prendra cette dernière direction jusqu'en O, en ayant soin de diminuer progressivement ses prises de semence et ses jets, de manière à ne couvrir que le triangle Q M O.

Alors le train *a b* N O est complétement semé; le train *b c* M N est semé à moitié, il n'a reçu qu'une demi-semence.

Le semeur vient se placer en N; là, changeant son semoir de bras et semant de la main gauche, il va jusqu'en L, en ayant soin d'augmenter progressivement ses prises de semence et ses jets pour semer le triangle N T L; il cheminera ensuite sur le rayage L *d*, en couvrant de la même main, avec des poignées entières, deux trains sur sa droite.

Quand il arrive en *d*, le train *b c* M N est semé entièrement; le train *c d* L M n'a qu'une demi-semence.

Le semeur continuera d'une manière analogue jusqu'à ce que, rendu au point D, toute la partie gauche du triangle se trouve semée, à l'exception du petit triangle E *i* D, qui n'a reçu qu'une demi-semence; alors il se porte au point *k*, chemine sur *k* E en couvrant le triangle *i* E *k*. Quand il est arrivé en E, *i* D E est entièrement semé; D *k* E n'a reçu qu'une demi-semence. Il va en F, et là, changeant son semoir de bras, il prend le rayage F *l*, en semant de la main gauche le triangle F D *l*.

Le semeur prend ensuite le rayage *m* G. Arrivé en I, c'est-à-dire en face du point E, il diminue ses prises de semence et ses jets, progressivement jusqu'en G ; de G, il se porte en H, et de là chemine sur H *m*, et il continue de même jusqu'à la fin. Ce que nous venons de dire suffit pour faire comprendre la marche à suivre.

On aurait pu également, le vent soufflant de droite à gauche, commencer l'ensemencement du triangle au côté opposé, c'est-à-dire au côté A C. Nous aurions marché *sur grain* ; mais nous avons donné les raisons qui doivent engager à préférer dans la semaille le cheminement *hors grain*.

Dans le mode de semis que nous venons de décrire, le semeur pourra trouver souvent utile et commode de fixer d'avance, par des jalons, les points O, N, M, L, etc., points auxquels il aboutit, et d'où il part dans ses rayages.

Pour déterminer la position de ces points, il se servira de cette formule :

$$\frac{2\,T\,H}{B}$$

T, représentant la largeur des trains ; H, la ligne qui

joint le sommet du triangle avec le milieu de la base ; B, la base de ce triangle, et la formule elle-même représentant la distance entre chacun des points.

Ce que nous avons dit précédemment, pour la démonstration de la formule relative au labour, nous dispensera de nous étendre sur celle-ci : elle est la même, si ce n'est que, dans ce cas, la largeur du train est substituée à la largeur de la bande de terre.

Une des difficultés du semis des pointes consiste à régler l'augmentation ou la diminution progressive des prises de semence, lorsque l'on arrive à semer les portions triangulaires de train, adjacentes à la ligne médiane A D, telles que A R N, O Q M, N T L, K G P, H F J, etc.

Le semis de ces triangles partiels est la pierre d'achoppement des semeurs ; on en trouve fort peu qui arrivent à ne répandre de graine que juste ce qu'il faut : le plus souvent ces pointes sont semées trop dru.

Aussi est-il utile, selon nous, que le semeur soit fixé d'avance sur la quantité de ses prises successives de semence.

Pour cela, observons que tous ces triangles sont égaux ; par conséquent, ce que nous établirons pour le semis de l'un d'eux s'appliquera à tous les autres. Prenons le triangle partiel O Q M, supposons qu'ayant parcouru la ligne c M , le semeur ait encore vingt pas à faire ou dix jets de semence à répandre pour aller de M en O, ses différentes prises devront être représentées en quantité par la série suivante :

1re prise de semence (au point M) $= \frac{10}{10} =$ poignée entière.

2e *idem.* . . . . $= \frac{9}{10}$

3e *idem.* . . . . $= \frac{8}{10}$

4e *idem.* . . . . $= \frac{7}{10}$

5e *idem.* . . . . $= \frac{6}{10}$

6e *idem.* . . . . $= \frac{5}{10} =$ demi-poignée.

7e *idem.* . . . . $= \frac{4}{10}$

8e *idem.* . . . . $= \frac{3}{10}$

9e *idem.* . . . . $= \frac{2}{10}$

10e *idem* (près du point O) $= \frac{1}{10}$

Sans vouloir prétendre que le semeur puisse arriver à avoir des poignées mathématiquement en rapport avec les termes de cette série ou d'une autre analogue, nous pensons qu'une échelle semblable lui sera néanmoins d'une grande utilité pour le guider au moins approximativement dans son opération. Je ne décrirai pas les moyens qu'il pourrait employer pour arriver, autant que possible , à modifier ses poignées de semence : il s'agit là particulièrement d'un exercice manuel. Le semeur verra si, avec cinq, quatre, trois ou deux doigts ouverts de telle ou telle manière , il se rapproche de l'échelle adoptée ; celle-ci une fois déterminée pour le semis de l'un des triangles dont nous avons parlé, elle lui servira pour tous.

Il commencera par les plus fortes poignées s'il part de la base, et réciproquement par les plus faibles s'il part du sommet : il va sans dire que l'étendue des jets de semence est toujours proportionnelle aux poignées; mais, d'ailleurs, la limite de ces jets est toujours marquée par un rayage précédent.

Nous terminerons ce paragraphe en observant encore que le semis en *patte d'oie* ne peut être avantageusement adopté qu'autant que la pointe a été elle-même labourée en *patte d'oie*, que l'on sème sur labour brut sans hersage préalable, que l'on tient à profiter des sillons de labour pour se guider dans les rayages, et qu'enfin le vent est favorable.

S'il en était autrement, les rayages seraient tous disposés parallèlement à l'un des côtés du triangle, et le semis s'effectuerait de la manière la plus simple, d'après les règles ordinaires; cependant il pourrait encore y avoir lieu, selon les formes elles-mêmes du triangle, à appliquer avantageusement ce que nous venons de dire relativement aux séries représentant la progression des prises de semence dans les pointes partielles.

CHAPITRE TROISIÈME.

§ Ier.

Observation générale.

Il n'est pas rare de trouver, dans les pays de grande culture, d'habiles semeurs arrivant à semer très-également, très-uniformément une certaine quantité fixée de semence par hectare pour chaque espèce de graine ; mais il est rare de rencontrer des semeurs qui, tout en arrivant à une bonne répartition, puissent modifier à volonté la quantité de graine à ensemencer sur une surface donnée. Ainsi, tel semeur qui a l'habitude de semer trois hectolitres de blé éprouve beaucoup de difficultés si on lui demande de n'en semer que deux ou deux et demi sur le même espace, et, s'il arrive à ce résultat, ce n'est qu'après bien des tâtonnements, car il se retrouve toujours, à son insu, porté à suivre la même marche qu'auparavant.

Les difficultés augmentent encore s'il s'agit de graines fines, telles que luzerne, trèfle, etc. Si, par hasard, le semeur arrive à avoir semé la quantité demandée, on remarque que c'est presque toujours sur une grande étendue de terrain, circonstance qui lui a permis de tâtonner et d'établir des compensations; aussi peut-on observer alors qu'il se trouve des parties du champ qu'il a plus chargées que d'autres de semence. Ces modifications à sa marche habituelle lui sont difficiles, longues et pénibles : c'est que le temps et l'habitude ont été les seuls maîtres d'un tel semeur ; c'est par le temps qu'il s'est formé, le temps seul peut modifier son habitude.

Cependant le raisonnement, la science pratique, je dirai, peuvent, comme dans les études que nous venons de faire, donner au semeur des moyens de modifier sûrement et rapidement sa marche suivant le but différent qu'on lui présente. Tel est l'objet que nous nous proposons dans ce chapitre, qui est le complément nécessaire et indispensable de tout ce que nous venons de dire pour remplir en entier le but d'une bonne semaille.

§ II.

Eléments à combiner pour arriver à semer une quantité donnée de semence sur une surface donnée.

Trois *éléments* sont à combiner pour arriver à semer une quantité donnée de semence sur une surface donnée; ce sont : la largeur des trains, les poignées ou pincées du semeur, et, enfin, la grandeur des pas de ce dernier.

La quantité de semence à semer par hectare étant donnée, la largeur des trains devra être d'autant plus grande que les poignées du semeur seront plus fortes et ses pas plus petits, ou réciproquement.

La même quantité étant toujours donnée, les poignées devront être d'autant plus fortes que la largeur des trains sera plus grande et les pas du semeur plus grands, ou réciproquement.

La grandeur des pas du semeur devra être d'autant plus considérable que la largeur des trains sera plus petite et la grandeur des poignées plus forte, ou réciproquement.

Voici trois propositions et leurs réciproques évidentes ; nous avons donc trois éléments à combiner entre eux : un seul variant, les autres doivent varier également ; mais il faut encore les faire varier dans certaines limites ; on ne peut pas indéfiniment étendre l'un aux dépens des autres. Les poignées du semeur sont limitées ; il ne peut prendre dans sa main au delà d'une certaine quantité de semence : les jets le sont aussi ; quelle que soit sa force, il arrive un point qu'il ne peut dépasser. Si les jets sont limités par la nature et le poids de la graine, ainsi que par la force du semeur, les trains doivent l'être aussi ; les pas le sont également par la taille du semeur de même que par la difficulté du terrain.

On doit donc avoir égard à certaines considérations pour apprécier lequel des trois termes sera l'inconnu dans le problème. Il faut savoir, tout en faisant une juste combinaison entre ces trois termes, se renfermer dans les limites de la possibilité.

§ III.

Recherche analytique des inconnues dans le problème.

Et d'abord, dans aucune circonstance on ne devra soumettre son pas à l'exigence du problème; il ne sera jamais avantageux de diminuer son pas pour avoir des jets plus forts et des poignées plus petites, ou réciproquement; le pas doit être uniforme dans le courant de la semaille, les difficultés du terrain s'opposent à ce que le semeur ne le force jamais. Le semeur voudrait modifier ses pas, que bientôt l'habitude prendrait le dessus, et que le rapport nécessaire entre les éléments de la semaille serait rompu.

Avant tout, le semeur doit se conformer à son habitude quant à ses pas, à la possibilité qu'il a de les faire uniformes sur un terrain donné. En plaine, ces pas seront peut-être de $0^m,80$; sur un coteau ou sur un terrain inégal et boueux, ils seront peut-être de $0^m,70$ ou de $0^m,60$.

Je veux dire que le pas du semeur doit être, dans toute circonstance, une quantité connue dans le problème.

Voilà déjà une quantité fixée ; restent encore deux termes, les poignées et les trains.

Pour savoir lequel de ces deux termes devra être l'inconnu du problème, nous devons faire une distinction entre les grains à semer.

Dans une première catégorie nous placerons les graines qui, par leur nature, peuvent se projeter à une assez grande distance, et qui en même temps se sèment à raison d'un assez grand volume par hectare, telles que :

Froment,	Avoine,
Fèves,	Vesces,
Seigle,	Sarrasin,
Pois,	Jarosse,
Orge,	Maïs-fourrage,
Lentilles,	Lupin, etc.

On peut placer dans cette catégorie les engrais pulvérulents qu'on veut semer à la volée, de même que les cendres, le plâtre, etc.; car, pour ces substances, il est important d'arriver à une bonne répartition sur le sol, et, pour cela, d'adopter une méthode raisonnée.

Dans la seconde catégorie nous rangerons les graines, telles que trèfle et luzerne, qui ne peuvent, à cause de leur finesse, se projeter à une grande distance, et qui, en raison de cette finesse, se sèment en petits volumes par hectare. Ces graines sont :

Colza,	Pavot,
Moha,	Madia sativa,
Navette,	Trèfle,
Millet,	Pastel,
Raves,	Luzerne,
Sorgho,	Spergule,
Turneps,	Panais,
Chicorée,	Gaude,
Rutabaga,	les gramens, etc.
Moutarde,	

Pour les graines de la première catégorie, pour les céréales, par exemple, l'élément inconnu dans le problème devra être le jet. La poignée, c'est-à-dire la quantité de semence que le semeur peut contenir dans sa main, sera fixée. Le pas et la poignée étant donnés, jamais ils ne seront tels que le jet qui sera en rapport avec ces deux termes sorte des limites de la force du semeur.

Ainsi supposons le pas moyen le plus petit et la poignée la plus forte, ce qui nous donnera le jet le plus grand ; ce jet ne sera jamais tellement grand que le semeur ne puisse y atteindre.

En effet, supposons des pas de 0^m,50 ; supposons des poignées pouvant saisir 0,12 centil. de graine ; certainement, nous prenons là des limites extrêmes qui tendraient à nous donner le plus grand jet possible ; or, voyons si le jet correspondant dépasse la possibilité du semeur.

La quantité de graine à répandre par hectare est de 250 litres. Tous les deux pas, c'est-à-dire à chaque mètre, le semeur jettera 0,12 centil. de semence : cette quantité devra couvrir une surface de 9 mètres et 60 décimètres carrés, car chaque train doit être recouvert en deux fois ; par conséquent, le jet de semence sera de $9^m,60$. Or cette distance n'est pas, pour des céréales, hors de la portée d'un semeur. Et cependant les pas étaient les plus petits et les poignées les plus fortes, de sorte que, communément, dans les circonstances ordinaires, le jet n'atteindra jamais à ce chiffre, à moins que, au lieu d'adopter un double croisement, on n'en adopte un triple.

On voit donc que, pour les graines de la première classe, on ne doit jamais craindre d'avoir des poignées trop fortes, puisqu'on a la faculté de jeter loin.

Plus le semeur sera fort, robuste, meilleur il sera, toutes choses égales d'ailleurs ; car il pourra projeter *constamment* plus loin la semence et adopter ainsi un triple croisement au lieu d'un double croisement, et l'on sait déjà que plus la projection est grande, meilleure est la répartition. J'ai dit *constamment*, car il ne suffit pas de pouvoir projeter la semence à une certaine distance, à un moment donné ; il faut, comme nous l'avons déjà fait observer, la projeter pendant toute la durée de l'opération à la même distance ; si on se ralentit, le champ se marque de *barres*.

Aussi il ne convient jamais que le semeur se fatigue en commençant par des mouvements trop énergiques ; il faut qu'il sache se ménager pendant tout le temps de son travail.

Quant aux semences de la seconde catégorie qui se sèment en petite quantité, par hectare, il n'en est pas de même ; l'élément qui doit former l'inconnue, c'est la poignée ou pincée.

En effet, ces graines présentent d'abord de la difficulté à être projetées à une certaine distance ; cette distance est restreinte, on ne peut la dépasser à cause de leur nature : par exemple, il est presque impossible de projeter la graine de trèfle ou de luzerne à plus de 4 mètres, à moins que le vent ne favorise particulièrement, et, dans ce cas, il n'est pas facile au semeur de restreindre son jet.

En outre, ces graines se semant en petite quantité

par hectare, si le semeur venait à *poigner* de toute sa poignée ordinaire, il arriverait que son jet devrait dépasser toute limite de sa possibilité.

Que le semeur, par exemple, ait à semer 30 litres de trèfle par hectare, que ses poignées soient de 0,1 décilitre; nécessairement il aura à couvrir, par jet, une surface de 66 mètres carrés, car on couvre en deux fois [1].

Si les pas sont de 1 mètre (quantité très-forte), comme on ne jette que tous les deux pas, le jet serait de 33 mètres [2]; on voit de suite l'absurdité dans laquelle nous tomberions, si nous voulions avoir des poignées de trèfle égales à des poignées de blé.

Pour ces sortes de graines, l'inconnue à rechercher, c'est la pincée; le semeur doit apprécier la distance à

---

[1] 30 litres doivent couvrir 1 hectare ou 10,000 mètres carrés, 0,1 décilitre devra donc couvrir 33 mètres carrés; mais qu'on se ressouvienne qu'il y a croisement de la semence, qu'en conséquence chaque jet doit couvrir un espace en superficie double de celui auquel correspond ce jet : c'est, par conséquent, 66 mètres carrés que le semeur doit embrasser par chaque jet de semence.

[2] Par jet, on doit couvrir 66 mètres carrés, ceci est admis : on ne jette que tous les deux pas, c'est-à-dire, dans ce cas, tous les 2 mètres; ces 2 mètres forment la base du rectangle, qui aurait pour mesure 66 mètres carrés; en conséquence, la hauteur de ce rectangle ou le jet lui-même serait égal à $\frac{66}{2} = 33$ mètres.

laquelle il peut projeter la semence : cette distance peut varier selon sa force et l'état du vent.

Ainsi deux problèmes peuvent se présenter pour arriver à la combinaison des trois éléments, *poignées*, *pas* et *jets*, suivant que l'on a à semer des graines de la première classe ou des graines de la seconde, c'est-à-dire des graines fortes ou des graines fines.

Dans le premier cas, c'est le train qu'on recherche ; dans le second, c'est la pincée.

Malgré les classifications que je viens d'établir, rien ne s'oppose à ce que, dans certaines circonstances, le semeur modifie ses poignées pour les plantes de la première classe. Il peut se faire, par exemple, que le vent vienne à limiter le jet ; il est des terres dans les fonds, ou bien entourées de forêts ou de constructions, où le vent tournoie et contrarie le semeur : ce dernier, alors, n'est plus maître de son jet ; quelquefois aussi la quantité de semence à répandre par hectare peut être restreinte considérablement. Alors, évidemment, l'élément inconnu dans le problème doit être la poignée ; car nous avons dit que les plantes de la seconde classe se distinguaient par l'obstacle de leur jet, au delà d'une limite restreinte, et par la petite quantité que l'on semait par hectare ; tandis que, dans la première classe, les plantes se distinguaient par la facilité qu'on a de les projeter loin, et par la quantité assez considérable de leur graine que l'on répand par hectare.

Il est clair que, s'il se présente un obstacle pour la projection du blé, tel que la fatigue du semeur, ou bien, si l'on ne veut en semer qu'une cinquantaine de litres au lieu de 250, il est clair, dis-je, qu'alors le blé passe dans la seconde classe et que ce sont les poignées qui sont l'objet du calcul.

Le but que je me suis proposé en établissant deux grandes catégories de graines, c'est d'arriver à rendre la combinaison entre les pas, les poignées et les trains, non-seulement mathématiquement juste, mais encore physiquement possible et commode.

Mais, je le répète, dans tous les cas la grandeur du pas est une quantité déterminée d'avance, et ne doit jamais entrer comme inconnue dans le problème.

Ceci étant admis, établissons d'abord la méthode pour arriver à déterminer, dans le cas des fortes graines, la largeur des trains.

§ IV.

Moyens de déterminer la largeur des trains.

Prenons un exemple : soit à déterminer la largeur

des trains pour la semaille d'un champ, sachant que l'on veut mettre 250 litres de blé à l'hectare.

Les poignées du semeur sont de 0,10 centilitres [1], ses pas sont de 0,85 dans le champ qu'il doit ensemencer.

D'abord je ferai observer que les 250 litres de semence prendront un volume plus considérable quand ils seront chaulés ou préparés, ce que l'on ne manque jamais de faire pour combattre la carie. Ces 250 litres deviendront en volume 300 litres à peu près, l'augmentation de volume étant de $\frac{1}{5}$ par l'effet de la préparation. Ainsi ce n'est plus 250 litres dont il s'agit dans le problème, mais bien 300 litres.

L'augmentation de volume de la semence par l'effet de la préparation dépend évidemment du genre de la préparation et du temps de l'infusion dans un liquide; aussi je ne prétends point donner un chiffre d'augmentation absolu, c'est une indication approximative et générale. C'est à chacun d'étudier plus particulièrement ce rapport entre le volume du blé préparé et le volume de celui qui ne l'est pas.

[1] La poignée est supposée être de 0,10 centilitres, c'est là la quantité que peut saisir moyennement un bon semeur; mais il faut observer qu'il s'agit de blé chaulé qui tient mieux dans la main; s'il s'agissait de blé non préparé, la poignée ne serait environ que de 0,08 centilitres.

Je considère une étendue de 100 mètres de longueur sur 100 mètres de largeur, ce qui nous fera 1 hectare juste.

Sur la longueur, le semeur fera 117 pas, car ses pas sont de $0^m,85$ et la longueur est de 100 mètres.

Comme il projette la semence tous les deux pas, il suit qu'il projettera $\frac{117}{2} = 58$ poignées de semence par *rayage*.

Sa poignée contient $0^l,10^c$; donc, par rayage, il projettera $58 \times 0^l,10 = 5$ litres 80 centilitres; donc chaque train sera recouvert, en deux ou trois fois, par 5 litres 80 centilitres de semence.

Connaissant la quantité de semence répandue par train, il est facile de connaître le nombre des trains que l'on aura sur la largeur de l'hectare, en divisant la quantité totale de semence, c'est-à-dire 300 litres par 5 litres 80 centilitres, ce qui nous donnera 54 trains.

Connaissant le nombre de trains qu'il doit y avoir sur 100 mètres, il est facile de connaître la largeur de ces trains en divisant 100 mètres par 54, ce qui nous donnera $1^m,96$, c'est-à-dire presque 2 mètres de largeur de train. Le jet alors sera de 4 ou 6 mètres, suivant que le semeur opérera un double ou triple croisement.

Le raisonnement que je présente ici pour arriver à déterminer la largeur du train est à la portée de tout le monde et ne présente aucune difficulté sérieuse.

Je dois faire observer qu'un train est une surface qui, dans toute circonstance, exige de semence ce que le semeur sème dans un rayage. Le nombre des rayages doit être le même que celui des trains plus un, à cause des engrainage et dégrainage.

Comme on adopte le système des croisements, il suit que l'on couvre à plusieurs reprises le même train; mais, si l'on y fait attention, à chaque couverture ce train ne reçoit qu'une fraction de la quantité jetée par rayage : la somme de ces fractions égale cette quantité.

Voici une autre méthode qui nous conduira à une formule générale.

Soient K, la quantité de semence à répandre par hectare, quantité exprimée en litres ou en kilogrammes ;

M, la quantité de semence contenue dans la main du semeur, quantité exprimée en litres ou en kilogrammes : en litres si K est exprimé en litres, en kilogrammes si K est exprimé en kilogrammes ;

P, le pas du semeur exprimé en mètres ;

T, la largeur du train exprimée en mètres.

Pour le cas présent, c'est cette dernière quantité qu'il s'agit de rechercher.

La surface de terrain embrassée par une poignée est égale à 10,000 mètres carrés (nombre qui exprime l'hectare), divisés par le nombre des poignées que le semeur projettera dans la semaille de l'hectare. Ce nombre est évidemment égal à

$$\frac{K}{M};$$

donc la surface embrassée par une poignée de semence sera égale à

$$10,000 : \frac{K}{M} = \frac{10,000\,M}{K}$$

Cette surface peut être supposée comprise dans un rectangle qui aurait pour base deux fois la grandeur du pas, puisqu'on jette tous les deux pas, et pour hauteur la largeur du train : or cette surface est connue, elle représente un produit dont la largeur du train est un facteur. Il nous sera facile d'arriver à connaître ce facteur, puisque l'autre est connu [1] ; nous aurons donc pour expression de la largeur du train :

$$T = \frac{10,000.\,M}{K} : 2\,P = \frac{10,000.\,M}{2\,P\,K}$$

$$\text{Ainsi } T = \frac{10,000.\,M}{2\,P\,K}$$

[1] Un produit et l'un de ses facteurs étant donnés, on arrive à connaître l'autre facteur en divisant le produit par le facteur connu.

Ce qui veut dire :

$$\text{La largeur du train} = \frac{10{,}000 \times \text{la poignée.}}{2 \text{ fois le pas} \times \text{la quantité de semence par } l.}$$

Pour contrôler la justesse de cette formule, appli-
quons-lui l'exemple ci-dessus :

Faisons $M = 0^{\text{lit}}{,}1$ déci., $P = 0^{m}{,}85$, $K = 300$ litres;

Nous aurons, en effectuant le calcul :

$$T = \frac{10{,}000\,M}{2\,P\,K} = \frac{10{,}000 \times 0^{l}{,}14}{2 \times 0^{m}{,}85 \times 300^{l}}$$

$$= \frac{1{,}000}{510} = 1^{m}{,}96$$

Le jet de semence sera double ou triple de cette
quantité, suivant que le semeur voudra agir par double
ou par triple croisement.

§ V.

Moyens de déterminer la poignée ou la pincée de
semence.

Actuellement, arrivons à déterminer dans le cas des
graines fines la quantité de semence que le semeur doit
saisir à chaque jet, ou, en d'autres termes, la poignée
ou la pincée.

Soit à ensemencer un champ en trèfle à raison de 30 kilogrammes par hectare; les pas du semeur sont de $0^m,85$; son jet de semence est de 4 mètres. Il s'agit d'adopter un triple croisement ; par conséquent, la largeur des trains est de $1^m,33$.

Quelle sera la pincée?

Je considère toujours un carré de 100 mètres de long sur 100 mètres de large, représentant 1 hectare : il y aura autant de trains que $1^m,33$ se trouve de fois contenu dans 100, par conséquent 77.

Connaissant le nombre des trains qu'il y aura sur 1 hectare, nous aurons la quantité que nous devrons répandre par rayage sur un train, en divisant la quantité totale de semence, c'est-à-dire 30 kilogrammes, par ce nombre des trains ; dans ce cas nous aurons

$$\frac{30 \text{ k.}}{77} = 0^k,389^g.$$

Comme nous jetons la semence tous les deux pas, nous aurons 58 jets dans un rayage; en conséquence, la pincée sera égale à $0^k,389^g$ divisés par 58, ce qui nous fait $0^k,0065$ ou bien $6^g \frac{1}{2}$.

Le semeur, après avoir fait ce calcul, devra donc s'exercer à former des pincées de $6^g \frac{1}{2}$. Pour cela, il pèsera cette quantité et appréciera à l'œil quel volume elle forme. Il s'exercera à saisir $6^g \frac{1}{2}$; ceci est une étude manuelle. Il verra si, avec un seul doigt ouvert de telle ou telle manière, il arrive à saisir cette quantité. C'est cette exécution qu'il est difficile de décrire; mais c'est déjà un grand résultat que de savoir ce qu'on doit saisir de graine pour arriver à semer une quantité donnée de semence sur une surface donnée.

Nous pouvons donner une formule pour calculer la pincée.

Une transformation dans celle que nous avons établie précédemment peut nous mener à ce résultat. En effet, notre formule était :

$$T = \frac{10,000\,M}{2\,P\,K}$$

Dans cette équation, et pour le cas qui nous occupe, T est connu, P est connu, K est connu; c'est M qu'il s'agit de trouver. Il nous est facile d'en tirer la valeur.

$$\text{En effet, } T = \frac{10,000\,M}{2\,P\,K} = \frac{10,000}{2\,P\,K} \times M$$

$$\text{d'où } M = T : \frac{10,000}{2\,P\,K} = \frac{2\,P\,T\,K}{10,000}$$

Ainsi la formule sera pour la pincée,

$$M = \frac{2\,P\,T\,K}{10,000}$$

Ce qui veut dire :

$$\text{La pincée} = \frac{2 \text{ fois le pas} \times \text{la largeur du train} \times \text{quantité de semence par hectare.}}{10{,}000}$$

On voit que la même formule, la même équation peuvent servir dans le cas des grosses graines comme dans celui des graines fines.

En substituant dans l'équation

$$M = \frac{2\,P\,T\,K}{10{,}000}$$ les valeurs P , T , K , nous aurons :

$$M = \frac{2 \times 0{,}85 \times 1{,}30 \times 30}{10{,}000} = 0^k{,}0065 \text{ décig.}$$

Ainsi la formule nous donne le même résultat que la méthode raisonnée.

N'oublions pas que, dans le cas des graines fines, la largeur du train dépend de la grandeur du jet et du nombre de croisements que l'on adopte dans la semaille. Cette largeur est la moitié ou le tiers du jet, suivant qu'on veut adopter un double ou un triple croisement, mais il faut toujours partir du jet.

Dans la semaille des grosses graines, au contraire, le jet dépend du train et du nombre de croisements qu'on veut adopter.

§ VI.

*Surface qu'un semeur peut ensemencer en une journée
de travail.*

Un semeur de force moyenne, dans une journée de
neuf heures de travail effectif, parcourt, suivant l'état
de la terre sur laquelle il marche, suivant que cette
terre est boueuse ou sèche, pulvérulente ou ferme, mot-
teuse ou unie, en pente ou en plaine, suivant que la
charge de semence est forte ou légère, de 18 à 25 kilo-
mètres.

En multipliant l'espace linéaire parcouru, par la largeur des trains, on a la surface semée.

Nous pouvons donner une idée générale de celle-ci
par le tableau suivant :

Tableau des surfaces semées en une journée de travail, suivant l'espace linéaire parcouru par le semeur et la largeur des trains de ce dernier.

LARGEUR DES TRAINS.	ESPACE PARCOURU EN KILOMÈTRES		
	18	22	25
mètres.	ares.	ares.	ares.
1	180	220	250
2	360	440	500
2 50	450	550	625

Dans tous les cas, le cultivateur, ayant accordé sa confiance à un semeur, ne le pressera jamais pour accélérer sa besogne ; car, en fait de semailles plus qu'en toute autre chose, l'importance n'est pas de faire beaucoup, mais bien de faire convenablement.

———

CHAPITRE QUATRIÈME.

Disposition des sacs de semence sur le champ qu'on veut ensemencer.

Quand on opère un grand ensemencement, il est important que les sacs qui contiennent la semence soient disposés de telle manière que le semeur perde le moins de temps possible pour aller recharger son semoir. Indépendamment de la perte de temps que peuvent occasionner une trop grande distance des sacs et leur disposition peu régulière, il peut arriver aussi que le semeur perde ses traces, ce qui a l'inconvénient de produire des inégalités sur la semaille.

Tel est donc le problème que nous devons nous proposer : *Étant donnés un champ et une quantité de sacs de semence à y répandre, disposer ceux-ci de manière à ce qu'ils se rencontrent le plus près possible du semeur, quand ce dernier a achevé de semer la charge de son semoir.*

Si nous connaissions le nombre de mètres que le se-

meur est obligé de parcourir pour vider son semoir,
nous placerions les sacs sur des lignes qui seraient distantes entre elles de ce nombre de mètres, de sorte que
le semeur s'arrêterait à ces lignes, juste au moment où
il aurait épuisé sa charge de semence. Comment ces
lignes seraient-elles disposées, de même que les sacs sur
ces lignes? Soit à disposer 12 sacs sur le champ A B C D,
dont la longueur A B est de 1,530 mètres sur une largeur quelconque; soit encore 510 le nombre de mètres
que le semeur est obligé de parcourir pour vider son
semoir :

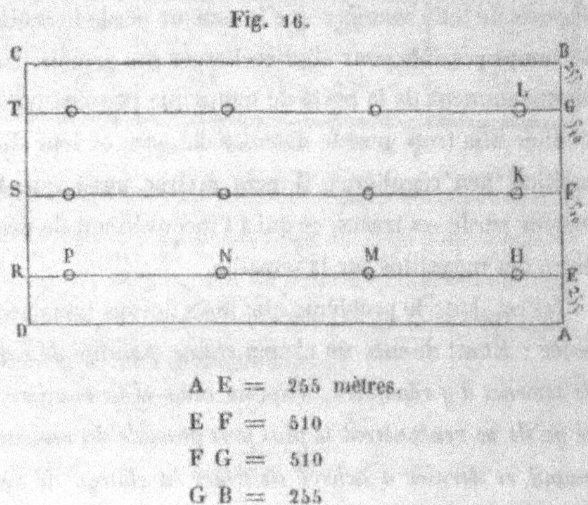

Fig. 16.

$$A\ E\ =\ 255\ \text{mètres.}$$
$$E\ F\ =\ 510$$
$$F\ G\ =\ 510$$
$$G\ B\ =\ 255$$
$$\overline{}$$
$$A\ B\ =\ 1530$$

Les 12 sacs seraient disposés sur autant de lignes que 510 est contenu dans la longueur totale du champ, c'est-à-dire sur trois lignes ; sur chaque ligne, par conséquent, on placerait 4 sacs également distants les uns des autres, tout en observant que ceux des extrémités H et P, par exemple, se trouvent éloignés des bords du champ E et R de la moitié de la distance qui les sépare de leurs voisins M et N : il n'est pas nécessaire d'insister sur cette disposition des sacs sur les lignes, elle est toute naturelle. Quant aux lignes elles-mêmes, on doit les placer à égale distance entre elles, c'est-à-dire à 510 mètres les unes des autres, tout en observant que celles des extrémités T G et R E se trouvent distantes des bords du champ de 255 mètres, demi-distance d'une ligne à l'autre.

Cette disposition des lignes est facile à concevoir. Le semeur charge son semoir au sac H ; il part de E pour aller en A, de A il revient en E. A ce point il a vidé son semoir, puisqu'il a parcouru, soit en allant, soit en revenant, la distance de 510 mètres qu'il est obligé de parcourir, comme nous l'avons supposé dans le cas présent, pour épuiser sa charge.

Il recharge de nouveau son semoir et chemine en semant de E à F. Au point F son semoir est vide, puisqu'il a parcouru 510 mètres ; il le recharge au sac K :

cette nouvelle charge le mènera jusqu'en G. Il prendra de la semence au sac L, et cette nouvelle charge lui servira pour aller de G en B et revenir de B en G. Il reprendra de la semence au sac L, et ainsi de suite.

D'après cela, on voit évidemment que, sur chaque ligne, il doit se trouver un nombre égal de sacs.

En conséquence, le nombre des sacs doit être un multiple du nombre des lignes. Si, par exemple, au lieu d'avoir 12 sacs à placer sur le champ, nous n'en eussions eu que 10, nous aurions eu à placer sur chaque ligne 3 sacs $\frac{1}{3}$; mais, dans ce cas, nous n'aurions pris que 9 sacs, en ayant soin de répartir le dixième sac dans ces 9; nous agirions d'une manière analogue dans toute autre circonstance, où le nombre des sacs ne serait pas un multiple des lignes.

On voit, en outre, que la longueur du champ devrait être un multiple du nombre des lignes, ou autrement du nombre de mètres que le semeur est obligé de parcourir pour vider son semoir : or c'est un hasard bien rare quand cette coïncidence a lieu. Comme on ne peut modifier la longueur du champ, on est forcé de modifier le nombre de mètres que le semeur est obligé de parcourir pour vider son semoir de manière à rendre ce nombre sous-multiple ou partie aliquote de la longueur du champ, et, pour cela, on doit modifier la quantité de semence que le semeur portera dans son semoir.

Ainsi, si la longueur du champ, au lieu d'être de 1550 mètres, se fût trouvée de 1400 mètres, la division de 1400 par 510 nous aurait donné pour quotient le nombre 2, plus une fraction, nombre exprimant la quantité de lignes nécessaire pour les sacs. Mais, comme il ne peut y avoir, pour la régularité de la disposition, des fractions de ligne, nous augmenterons le nombre 2 d'une unité, ce qui nous fera 3, et nous diviserons 1400 par 3 ; le quotient 466 nous représentera le nombre de mètres que le semeur doit fournir pour vider son semoir. Or, tout à l'heure, on supposait que, pour le vider, le semeur devait fournir 510 mètres ; il ne doit en fournir maintenant que 466, donc la quantité de semence qu'il devra porter dans son semoir sera diminuée proportionnellement. Si 510 mètres correspondaient à 30 litres de graine, 466 correspondraient à

$$X = \frac{466 \times 30}{510} = 27^l,4^d.$$

Ainsi le semeur, au lieu de porter dans son semoir 30 litres de semence, n'en prendra à chaque reprise que 27 litres, quantité différant très-peu de 30.

On voit, d'après tout ce que nous venons de dire, que l'élément principal et la première chose à déter-

7

miner dans la disposition des sacs sur le champ, c'est le nombre de mètres que le semeur doit parcourir pour vider son semoir. Arrivons à déterminer cet élément. Supposons que le semeur puisse porter 30 litres de semence. Soit la poignée du semeur égale à 0^{lit},10^{cent}, soit son pas égal à 0^m,85, le nombre de jets nécessaire pour semer 30 litres sera égal à $\frac{30}{0,10} = 300$.

Il faut 300 jets de semence pour semer 30 litres, le jet se fait tous les deux pas ; donc, pour accomplir 300 jets, c'est-à-dire pour que le semeur épuise la semence qui se trouve dans son semoir, il faudra une longueur de rayage de $300 \times 2 \times 0,85 = 510$ mètres.

Cette quantité étant connue, on peut la modifier comme nous l'avons fait plus haut, dans le cas où elle ne serait pas un sous-multiple de la longueur totale du champ, et, de cette manière, on peut arriver à fixer le nombre de lignes de station, à les établir sur le champ, et enfin à disposer les sacs eux-mêmes sur ces lignes [1].

---

[1] Soit C la quantité de semence que le semeur peut porter dans le semoir ; soient P le pas de ce dernier, M sa poignée : nous aurons :

$$\frac{C}{M} \times 2\,P = \frac{2\,P\,C}{M}$$

pour expression du nombre de mètres que le semeur doit parcourir pour vider son semoir.

Dans le cas où la longueur du champ ne serait pas plus grande que la distance d'une station de sacs à l'autre, on placerait les sacs sur une ligne qui partagerait le champ en deux ; cette disposition aurait l'avantage d'apporter une grande économie de temps dans les reprises de semence : je n'insiste point sur cet avantage, chacun peut s'en convaincre facilement.

Dans l'étude de la disposition des sacs de semence, nous avons supposé les champs que nous voulions ensemencer de forme rectangulaire ou parallélogrammique, parce que ce sont effectivement les formes qu'affectent le plus ordinairement les grandes pièces de terre dont l'ensemencement nous occupait particulièrement. D'ailleurs, pour la disposition des sacs de semence, on peut, lorsqu'il s'agit de pièces affectant d'autres formes, suivre une marche analogue.

Ce que nous nous sommes proposé, c'était non pas de prévoir tous les cas, mais bien de poser des bases générales de raisonnement pour les problèmes particuliers que chacun a à résoudre.

ÉCOLE PRATIQUE DU SEMEUR.

PREMIÈRE LEÇON.

Le semeur instructeur exercera l'élève à accomplir tous les mouvements du jet de semence. Ce premier exercice se fera sans marcher. Cela fait, l'élève marchera et sera exercé à accorder les jets avec ses pas en semant du sable.

DEUXIÈME LEÇON.

Continuation de la précédente leçon, en faisant garder à l'élève une vitesse uniforme. (Ceci est important pour que le semeur ne se fatigue pas et puisse semer toujours uniformément.) L'instructeur fera marcher l'élève dans différents terrains, tels que terrains labourés, boueux, en pente, etc.

TROISIÈME LEÇON.

Une grande bâche de toile étant étendue, l'instructeur exercera l'élève à composer un jet uniforme et aussi disséminé que possible de différentes graines; il l'exercera à engrainer, à projeter le grain à différentes distances.

QUATRIÈME LEÇON.

Exercices sur la combinaison, sur la disposition des trains. — Semis des deux mains. — Semis d'une seule main. — Double et triple croisement de la semence. — Changement de trains à cause du changement de vent. Dans cette leçon, on se bornera à une bonne répartition de la graine sur la bâche, indépendamment des rapports entre la quantité de semence à répandre par hectare, les pas, les trains et les poignées du semeur.

CINQUIÈME LEÇON.

Étant donnée une surface, y répandre une quantité donnée de semence; problème pour les grosses graines; vérification par la mesure des quantités de semence répandues sur la bâche sur laquelle l'élève a semé.

SIXIÈME LEÇON.

Même exercice pour les graines fines; appréciation de la pincée; même vérification.

SEPTIÈME LEÇON.

Exercices sur les semis en patte d'oie

HUITIÈME LEÇON.

Problèmes pour la disposition des sacs.

NEUVIÈME LEÇON.

Application à une véritable semaille sur le terrain.

FIN.